物种战争

著

之 地道战

北京市科学技术研究院
创新团队计划
IG201306N
项目支撑

中国社会出版社

国家一级出版社 ★ 全国百佳图书出版单位

图书在版编目(CIP)数据

物种战争之地道战 / 李竹等著.
—北京：中国社会出版社，2014.12
（防控外来物种入侵·生态道德教育丛书）
ISBN 978-7-5087-4916-7

Ⅰ.①物… Ⅱ.①李… Ⅲ.①外来种—侵入种—普及读物 ②生态
环境—环境教育—普及读物 Ⅳ.①Q111.2-49 ②X171.1-49

中国版本图书馆CIP数据核字（2014）第293237号

书　　名：物种战争之地道战
著　　者：李　竹　等

出 版 人：浦善新
终 审 人：李　浩　　　　　　　责任编辑：侯　钰
策划编辑：侯　钰　　　　　　　责任校对：籍红彬
出版发行：中国社会出版社　　　邮政编码：100032
通联方法：北京市西城区二龙路甲33号
　　　　　编辑部：（010）58124865
　　　　　邮购部：（010）58124845
　　　　　销售部：（010）58124848
　　　　　传　真：（010）58124856
网　　址：www.shcbs.com.cn

中国社会出版社官方旗舰店
社会工作者考试教材唯一指定天猫店

经　　销：各地新华书店

印刷装订：北京威远印刷有限公司
开　　本：170mm×240mm　1/16
印　　张：13
字　　数：200千字
版　　次：2015年6月第1版
印　　次：2015年6月第1次印刷
定　　价：39.00元

顾问

万方浩 中国农业科学院植物保护研究所研究员

刘全儒 北京师范大学教授

李振宇 中国科学院植物研究所研究员

杨君兴 中国科学院昆明动物研究所研究员

张润志 中国科学院动物研究所研究员

致谢

防控外来物种入侵的公共生态道德教育系列丛书——《物种战争》得以付梓，我们首先感谢北京市科学技术研究院的各级领导对李湘涛研究员为首席专家的创新团队计划（IG201306N）项目的大力支持。感谢北京自然博物馆的领导和同仁对该项目的执行所提供的帮助和支持。

我们还要特别感谢下列全国各地从事防控外来物种入侵方面的科研、技术和管理工作的专家和老师们，是他们的大力支持和热情帮助使我们的科普创作工作能够顺利完成。

中国科学院动物研究所张春光研究员、张洁副研究员
中国科学院植物研究所汪小全研究员、陈晖研究员、吴慧博士研究生
中国科学院生态研究中心曹垒研究员
中国林业科学研究院森林生态环境与保护研究所王小艺研究员、汪来发研究员
中国农业科学院农业环境与可持续发展研究所环境修复研究室主任张国良研究员
中国农业科学院植物保护研究所张桂芬研究员、周忠实研究员、张礼生研究员、
　　　王孟卿副研究员、徐进副研究员、刘万学副研究员、王海鸿副研究员
中国农业科学院蔬菜花卉研究所王少丽副研究员
中国农业科学院蜜蜂研究所王强副研究员
中国农业大学农学与生物技术学院高灵旺副教授、刘小侠副教授
国家粮食局科学研究院汪中明助理研究员
中国检验检疫科学研究院食品安全研究所副所长国伟副研究员
中国疾病预防控制中心传染病预防控制所媒介生物控制室主任刘起勇研究员、
　　　鲁亮博士、刘京利副主任技师、档案室丁凌馆员、微生物形态室黄英助理研究员
中国食品药品检定研究院实验动物质量检测室主任岳秉飞研究员、
　　　中药标本馆魏爱华主管技师
北京林业大学自然保护学院胡德夫教授、沐先运讲师、李进宇博士研究生、
　　　纪翔宇硕士研究生

北京师范大学生命科学学院张正旺教授、张雁云教授

北京市天坛公园管理处副园长兼主任工程师牛建忠教授级高级工程师、
    李红云高级工程师

北京动物园徐康老师、杜洋工程师

北京海洋馆张晓雁高级工程师

北京市西山试验林场生防中心副主任陈倩高级工程师

北京市门头沟区小龙门林场赵腾飞场长、刘彪工程师

北京市农药检定所常务副所长陈博高级农艺师

北京市植物保护站蔬菜作物科科长王晓青高级农艺师、副科长胡彬高级农艺师

北京市水产科学研究所副所长李文通高级工程师

北京市水产技术推广站副站长张黎高级工程师

北京市疾病预防控制中心阎婷助理研究员

北京市农林科学院植物保护环境保护研究所张帆研究员、虞国跃研究员、
    天敌研究室王彬老师

北京市农业机械监理总站党总支书记江真启高级农艺师

首都师范大学生命科学学院生态学教研室副主任王忠锁副教授

国家海洋局天津海水淡化与综合利用研究所王建艳博士

河北省农林科学院旱作农业研究所研究室主任王玉波助理研究员

河北衡水科技工程学校周永忠老师

山西大学生命科学学院谢映平教授、王旭博士研究生

内蒙古自治区通辽市开发区辽河镇王永副镇长

内蒙古自治区通辽市园林局设计室主任李淑艳高级工程师

内蒙古自治区通辽市科尔沁区林业工作站李宏伟高级工程师

内蒙古民族大学农学院刘贵峰教授、刘玉平副教授

内蒙古农业大学农学院史丽副教授

中国海洋大学海洋生命学院副院长茅云翔教授、隋正红教授、郭立亮博士研究生

中国科学院海洋研究所赵峰助理研究员

山东省农业科学院植物保护研究所郑礼研究员

青岛农业大学农学与植物保护学院教研室主任郑长英教授

南京农业大学植物保护学院院长王源超教授、叶文武讲师、昆虫学系洪晓月教授

扬州大学杜予州教授

上海野生动物园总工程师、副总经理张词祖高级工程师

上海科学技术出版社张斌编辑

浙江大学生命科学学院生物科学系主任丁平教授、蔡如星教授、

  农业与生物技术学院蒋明星教授、陆芳博士研究生

浙江省宁波市种植业管理总站许燎原高级农艺师

国家海洋局第三海洋研究所海洋生物与生态实验室林茂研究员

福建农林大学植物保护学院吴珍泉研究员、王竹红副教授、刘启飞讲师

福建省泉州市南益地产园林部门梁智生先生

厦门大学环境与生态学院陈小麟教授、蔡立哲教授、张宜辉副教授、林清贤助理教授

福建省厦门市园林植物园副总工程师陈恒彬高级农艺师、

  多肉植物研究室主任王成聪高级农艺师

中国科学技术大学生命科学学院沈显生教授

河南科技学院资源与环境学院崔建新副教授

河南省林业科学研究院森林保护研究所所长卢绍辉副研究员

湖南农业大学植物保护学院黄国华教授

中国科学院南海海洋生物标本馆陈志云博士、吴新军老师

深圳市中国科学院仙湖植物园董慧高级工程师、王晓明教授级高级工程师、

  陈生虎老师、郭萌老师

深圳出入境检验检疫局植检处洪崇高主任科员

蛇口出入境检验检疫局丁伟先生

中山大学生态与进化学院/生物博物馆馆长庞虹教授、张兵兰实验师

广东内伶仃福田国家级自然保护区管理局科研处徐华林处长、黄羽瀚老师

广东省昆虫研究所副所长邹发生研究员、入侵生物防控研究中心主任韩诗畴研究员、

  白蚁及媒介昆虫研究中心黄珍友高级工程师、标本馆杨平高级工程师、

  鸟类生态与进化研究中心张强副研究员

广东省林业科学研究院黄焕华研究员

南海出入境检验检疫局实验室主任李凯兵高级农艺师

广东省农业科学院环境园艺研究所徐晔春研究员

中国热带农业科学院环境与植物保护研究所彭正强研究员、符悦冠研究员

广西大学农学院王国全副教授

广西壮族自治区北海市农业局李秀玲高级农艺师

中国科学院昆明动物研究所杨晓君研究员、陈小勇副研究员、

  昆明动物博物馆杜丽娜助理研究员

中国科学院西双版纳植物园标本馆殷建涛副馆长、文斌工程师

西南大学生命科学学院院长王德寿教授、王志坚教授

塔里木大学植物科学学院熊仁次副教授

没有硝烟的**战场**

——《物种战争》序

　　谈起物种战争，人们既熟悉又陌生，它随时随地都可能发生。当你出国通过海关时，倍受关注的就是带没带生物和未曾加工的食品，如水果、鲜肉……。因为许多细菌、病毒、害虫……说不定就是通过生物和食品的带出带入而传播的，一旦传播，将酿成大祸，所以，在国际旅行中是不能随便带生物和食品的。

　　除了人为的传播，在自然界也存在着一条"看不见的战线"，战争的参与者或许是一株平凡得让人视而不见的草木，或许是轻而易举随风飘浮的昆虫，以及肉眼看不见的细菌……它们一旦翻山越岭、远涉重洋在异地他乡集结起来，就会向当地的土著生物、生态系统甚至人类发动进攻，虽然没有硝烟，没有枪声，却无异于一场激烈的战争，同样能造成损伤和死亡，给生物界和人类以致命的打击。正因如此，北京自然博物馆科研人员创作的这套丛书之名便由此而就《物种战争》，既有"地道战""化学武器""时空战""潜伏""反客为主""围追堵截""逐鹿中原"，又有"双刃剑""魔高一尺，道高一丈""螳螂捕蝉，黄雀在后"。可见，物种战争的诸多特点展示得淋漓尽致。

　　我不是学生物的，但从事地质工作，几乎让我走遍世界，没少和生物打交道，没少受到这无影无形物种战争的侵袭：在长白山森林里被"草爬子"咬一次，几年还有后遗症；在大兴安岭，不知被什么虫子叮一下，手臂上红肿长个包，又痛又痒，流水化脓，上什么药也不管用，后来，多亏上海军医大一位搞微生物病理的教授献医，用一种给动物治病的药把我这块脓包治好了。有了这些经历，我深深感到生物侵袭的厉害，更不用说"非典""埃博拉"……是多么让人恐怖了！越是来自远方的物种，侵袭越强。

　　我虽深知物种侵袭的厉害，但对物种战争却知之甚少。起初，作者让我作序，我是不敢接受的。后经朋友鼎力推荐，我想，何不先睹为快呢，既要科普别人，先科普一下自己。不过，我担心自己能不能读懂？能不能感兴趣？打开书稿之后，这种忧虑荡然无存，很快被书的内容和写作形式所吸引。这套丛书不同于一般图书的说教，创作人员并没有把科学知识一股脑地灌输给读者，而是从普通民众日常生活中的身边事说起，很自然地引出每个外来入侵物种的入侵事件，并以此为主线，条分缕析，用通俗的语言和生动的事例，将这些外来物种的起源与分布、主要生物学特征、传播与扩散途径、对土著物种的威胁、造成的危害和损失，以及人类对其进行防控的策略和方法等科学知识娓娓道来。同时，还将公众应对外来物种入侵所应具备的科学思想、科学方法和生态道德融入其中，使公众既能站在高处看待问题，又能实际操作解决问题。对于一些比较难懂的学术概念和名词，则采用"知识点"的形式，简明扼要地予以注释，使丛书的可读性更强。

为了保证丛书的科学性，创作者们没有满足于自己所拥有的专业知识以及所查阅的科学文献，而是深入实际，奔赴全国各地，进行实地考察，向从事防控外来物种入侵第一线的专家、学者和科技人员学习、请教，深入了解外来物种的入侵状况，造成的危害，以及人们采取的防控措施，从实践中获得真知。

这套丛书的另一个特点是图片、插图非常丰富，其篇幅超过了全书的1/2，且绝大多数是创作者实地拍摄或亲手制作的。这些图片与行文关系密切，相互依存，相互映照，生动有趣，画龙点睛，真正做到了图文并茂，让读者能够在轻松愉悦中长知识，潜移默化地受教育。

随着国际贸易的不断扩大和全球经济一体化的迅速发展，外来物种入侵问题日益加剧，严重威胁世界各国的生态安全、经济安全和人类生命健康；我国更是遭受外来物种入侵非常严重的国家，由外来物种入侵引发的灾难性后果已经屡见不鲜，且呈现出传入的种类和数量增多、频率加快、蔓延范围扩大、发生危害加剧、经济损失加重的趋势。这就要求人们从自身做起，将个人行为与全社会的公众生态利益结合起来，加强公共生态道德教育，提高全社会的防范意识和警觉性，将入侵物种堵截在国门之外。

如今，物种战争已经打响，《孙子兵法》说："多算胜，少算不胜，而况于无算乎！"愿广大民众掌握《物种战争》所赋予的科学武器，赢得抵御外来物种侵袭战争的胜利。

中国科学院院士
中国科普作家协会理事长

2014年10月于北京

目录

引言

地道战又名"坑道战",是在地下挖坑道来
进行作战的一种方式。进攻方利用地道破坏防守
方的防御工事,并侵入其领土。防守方也可借地道隐藏
自己,或将部分主力秘密转移到其他地方。地道还可以相互连
接成地下网络,是"进可攻,退可守"的地下堡垒。可以说,它把《孙子兵法》所讲的
"攻其无备,出其不意"演绎得十分生动。

在生物界物种之间的战争中,其实早就开始应用"地道战"这个战术了。红
脂大小蠹在油松表面钻洞,然后在树皮下开始挖掘地道,一方面进攻树木的茎
干,然后秘密入侵根部,同时也利用地道进行防守,避开天敌和人类的搜寻;
菊芋块茎在地下秘密地储备新生力量,发达的根系向四处延伸,肆意入
侵周边的领土;其他物种如麝鼠、截头堆砂白蚁等也或多或少地
利用地道行走江湖,各显神通。但是,当进攻套路被对手
熟悉后,一招鲜,还能吃遍天吗?

红脂大小蠹

Dendroctonus valens LeConte

掌握敌情,对症下药,知己知彼,百战不殆。在与红脂大小蠹的斗争中,我们需要对它们的一举一动了如指掌,这样才能制服它们。这首先就要做好虫情预报,也就是确定红脂大小蠹生活中的关键时期,然后根据这些关键时期来对症下药。

寻找森林"纵火者"

油松是一种常见的森林树种,在一片油松林里,我们有时会看到一棵棵干枯的油松,虽然仍屹立在健康树木的旁边,但已经失去了往日的翠绿,变成了红色的枯树。它们似乎是被火烧过,可周围的草被并没有灰烬,更看不到明火和烟雾。几天后,又有一些健康的油松莫名其妙地变成了枯树,真是"只见枯松多,不见烟火冒",但它给林业造成的巨大损失却是实实在在的。

如果我们仔细察看,或许会在靠近基部的树干上看到一团红褐色的漏斗状凝脂。凝脂一般柔软湿润,看样子里面含有松脂和树干的木屑等,还有的凝脂已经变硬,颜色也浅了很多,为灰白色块状。这些凝脂通常出现在树干基部1.5米以下,且多集中在树干基部0.5米以下或根部。

没着火呀

被害虫蛀蚀后的油松像被火烧过

油松树干基部的灰白色凝脂

把凝脂从树干上剥离下来,通常会看到
在凝脂下的树干上有一个小孔。有时在树干根部的落叶层还可以看
到像石灰那样的白色碎末。这些现象与油松的干枯有关系吗?难道
这就是"纵火者"留下的蛛丝马迹?

凝脂确实是"纵火者"留下的,干枯的油松并不是真正被火烧
过,而是被一种名为红脂大小蠹的昆虫侵入体内而致死,从而呈现出

油松树干上的红褐色凝脂

了类似火烧的样子。

红脂大小蠹的学名为*Dendroctonus valens* LeConte，其种名*valens*是"强大"的意思，所以它又被称为强大小蠹。它在分类学上隶属于昆虫纲鞘翅目小蠹科大小蠹属，是一种松杉类针叶树种的蛀干林业害虫，主要为害油松。

我们看到的凝脂就是由松脂、虫粪和蛀屑形成的，凝脂下的小孔就是红脂大

红脂大小蠹成虫

隐藏在树干中的红脂大小蠹

小蠹出入树干的大门——侵入孔。树体受到红脂大小蠹的侵袭刺激后，会分泌油脂，油脂混合着虫粪连同被蛀食后形成的木屑一起从侵入孔排出，就形成了我们看到的红褐色的凝脂，红脂大小蠹也由此得名。这种小昆虫出入门户必然要穿过凝脂，所以凝脂常为漏斗状，而野外看到的红脂大小蠹的成虫也常沾满了油脂和木屑颗粒，看起来油乎乎的，那就是它"犯罪"的铁证。

红脂大小蠹成虫身上沾有油脂

刚从树干中爬出来的红脂大小蠹

5

红脂大小蠹的主要寄主是油松

　　红脂大小蠹在我国为害油松、白皮松、华山松、樟子松、华北落叶松等松树，但主要寄主树种是油松，特别是树龄在二三十年以上的大树。在国外，它主要为害松属、云杉属、冷杉属、黄杉属、落叶松属等35种以上的植物。它擅长"地道战"，在树干基部和根部的树皮下面挖地道，成虫和幼虫在地道中取食，造成油松大量衰弱或死亡。因为红脂大小蠹绝大部分时间都在地道中藏身，在树木枯死之前很难被发现，"不冒烟的森林火灾"也由此形成。因此，它是我国重要的检疫

对象,属于高度危险的森林有害生物。

　　和其他甲虫一样,红脂大小蠹属于完全变态,一生分为卵、幼虫、蛹、成虫四个阶段。成虫体长不到1厘米,豌豆粒大小,身体主要为红褐色,在鞘翅上有沟痕和刻点,可以称之为"红色恶魔"。它的卵为圆形,乳白色,有光泽。幼虫白色,蛴螬形,无足,头淡黄色,口器黑色,身体两侧各有一列黑色肉瘤;老熟幼虫红褐色。蛹开始为乳黄色,渐渐变为浅黄色、暗红色。

肆虐的"红色恶魔"

　　红脂大小蠹原来在我国并没有分布,它的原产地为北美洲的美国、加拿大、墨西哥、危地马拉、红都拉斯等地,1998年7月在我国山西省阳城和沁水首次发现红脂大小蠹的身影,当时严重侵害健康油松。红脂大小蠹具体如何传入我国不得而知,目前人们认为它可能是随着从美国进口的带皮松材从美国西海岸传入我国山西省的。

　　自传入我国后,红脂大小蠹以山西为中心,不断向周边省份的油松林蚕食,扩展十分迅速,从下面一组触目惊心的数据可见一斑。2001年,陕西省也发现红脂大小蠹的危害,对当地生态环境、经济发展和造林绿化成果造成了巨大影响;2002年,在山西太行山、吕梁山、中条山油松林内有红脂大小蠹的发生,并波及黄河沿岸的河南省、河北省等地,已经远远超过美国白蛾和松材线虫造成的危害面积,累计造成油松死亡逾600万株以上;2005年,北京市门头沟区西峰寺林场首次发现了红脂大小蠹的成虫和幼虫,此后呈现逐年严重的趋势,不仅在门头沟区迅速扩散蔓延,而且在房山区、昌平区和怀柔区等地也监测到了它的存在,并造成了不同程度的危害。

　　红脂大小蠹的为害特点是山顶受害比山下严重,因为山顶可能由于降水等因素,土壤养分流失比较严重,油松的长势较弱。对不同

火车为红脂大小蠹的传播载体之一

8

的坡度来说,缓坡上的松树比陡坡上的受害严重,可能也与阳光、风力和树势有关。红脂大小蠹还喜欢被伐后的粗大树桩,在新鲜伐桩和伐木上为害尤其严重。

飞机

在北美洲,红脂大小蠹为次期性害虫。也就是说,它专挑别的害虫为害过的,树势较弱或刚死亡的,树龄较长的松树下手,只偶尔造成松树的死亡,并不形成主要危害。但是,它在传入我国后,生活习性发生了变化,变得凶猛起来,不仅攻击树势衰弱的树木,还入侵健康的树株,从次期性害虫变异为初期性害虫。而且,红脂大小蠹繁殖快、传播快,树木成灾快、死亡快,最终导致发生区内寄主松树大量死亡,造成了严重的经济损失。红脂大小蠹已经继松毛虫之后,成为我国森林的第二号杀手。

很难想象,这种看上去不足1厘米长的"小虫子",竟然在短短几年就迅速传播到我国山西省及数个邻近的省份,它们是怎样突破地域壁垒的呢?

原来,红脂大小蠹成虫有较强的飞行能力,飞行距离可达20千米左右。它们在寻找自己喜欢吃的松树时,完全可以飞跃农田、河流等隔离带。况且,我国北方省区有大面积的松林分布,连绵不断的松树可以为它们提供足够的食物,这更加利于红脂大小蠹的自然传播。

此外,红脂大小蠹还经常搭乘免费的火车、飞机、轮船等交通工具四处"旅游",一旦遇到自己喜欢的生存环境就迅速安家落户,繁衍生息。它们在"旅游"的过程中有可能藏身于木质的外包装箱中,有可能躲避在制作木炭用的薪材中,有可能在带皮原木的树皮下隐身,还有可能夹杂在苗木和花卉中。一旦侥幸逃过了检疫部门的"火眼金睛",红脂大小蠹就会顺利地在一个陌生的地方安家落户,从而成功地开辟

船只

9

一片新的疆土。

红脂大小蠹的迅速扩散，还在于它入侵的地方往往缺乏旗鼓相当的竞争对手与它竞争食物和生存空间，而人工松树林这种大面积的单一树种，无形中助了红脂大小蠹一臂之力，为它们提供了丰富的食物资源，再加上没有天敌来对它进行制衡，这些"天时地利人和"都构成了红脂大小蠹在短时间内暴发的有利条件。红脂大小蠹有较强的耐饥饿能力，成虫和幼虫在不取食的情况下，仍然可以存活半个月左右，这意味着，它们能长久地保存实力直到找到合适的食物。

树皮下的隐居生活

别看红脂大小蠹的门户不起眼，外观看来只是一团不规则的又脏又黏的凝脂，大多数情况下连门口都分辨不出来，可它们家的内部却别有洞天。它们的家是类似地道一样的坑道，在昆虫居所中可以称得上是"宫殿"了。一般一个坑道有一雌一雄，开工建地道的工作是由雌虫完成的，雌虫钻透树皮到达形成层，甚至木质部表面也可以

红脂大小蠹善于在树干中"挖地道"

10

被刻食。雌虫铺好前进的道路后，雄虫随之进入坑道。每一棵松树只有少数几对"夫妻"来安家，它们喜欢把家安置在距离地面1米以下的树干或裸露的根部，树干越向上，坑道的数量越少，最高的坑道也就一人多高，这可以使成虫和幼虫能赶在越冬前尽快地蛀食到地下。

据观察得知，红脂大小蠹挖地道时，先横向挖几厘米长的一小段，然后转90°弯，向树的纵向挖掘母坑道，通常挖到根部。母坑道一般长达40厘米，形状各式各样，常为直线形、"L"形和穴形，还有不同程度的过渡型。

小 蠹 主 要 成 员

红脂大小蠹、华山松大小蠹和云杉大小蠹都为小蠹家族中的重要成员，是目前危害我国针叶树的最重要的蛀干害虫。它们在外部形态和危害症状方面存在显著区别，具体表现在体长、体色、前胸背板、鞘翅和虫道等多方面。由于华山松大小蠹从20世纪40年代至今一直在秦岭林区猖獗危害华山松，导致30年以上的健康华山松大量死亡，发生面积和危害程度逐年增加，因此该害虫已被森保工作者所熟知。云杉大小蠹多年来在祁连山林区危害云杉，而红脂大小蠹则是继松材线虫之后又一种严重危害松树的重要的检疫害虫。

坑道建成后几天到一个月，蛀孔或侵入孔就停止流松脂了。雌虫和雄虫交配后，雌虫就开始产卵。每堆卵大约10～40枚，都堆积在母坑道的一侧，上面盖着紧实的木屑和虫粪，而在另一侧则是成虫的活动空间。幼虫孵化后不单独发育，因此无子坑道，而是形成共同坑，和成虫一起生长。随着幼虫的不断生长，其身后的坑道逐渐填充了红色木屑。幼虫老熟后，在坑道外侧边缘形成单独的蛹室，或在根部稍向下啃咬部分的木质部做成蛹室。蛹室由木屑构成，环绕在幼虫共同坑末端附近。成虫不断把虫粪、松脂和碎木屑从侵入孔排出来，这就是我们看到的红褐色的柔软的凝脂。当红脂大小蠹建造的坑道太深时，就用虫粪把坑道口堵住，然后在坑道口以下十几厘米的地方从内部再开几个新的排粪口，但并不咬穿树皮，只有坑道里的幼

树干中的红脂大小蠹

虫和成虫排出的粪便太多的时候，才把那层外皮咬破，把虫粪排出树外。

可见，红脂大小蠹在树皮下的地道里过着隐士般的隐居生活，它们的卵、幼虫、蛹终生都在坑道中生活，成虫也只有在扬飞扩散和寻找新寄主时才离开坑道。红脂大小蠹一年可发生1～2代，成虫羽化后，成群地从侵入孔飞出来寻找合适的寄主。扬飞从4月中旬开始，5月中旬为扬飞的高峰期，6月中下旬扬飞基本结束。9月第二代成虫开始扬飞，之后大部分成虫就开始休养生息，准备在树皮下越冬了。尽管一年只发生2代，红脂大小蠹的扬飞期还是不整齐，一年中除越冬期外，在松林内都能看到红脂大小蠹成虫，但高峰期出现在5月中下旬。越冬的除了成虫外，还有幼虫或蛹，大多在树干基部、主根、侧根树皮与韧皮部之间越冬，且主要集中在树的根部和基部，伐木树皮下也是红脂大小蠹的重要越冬场所之一。

　　油松等能散发出一种引诱红脂大小蠹的化学物质,而其他阔叶树等非寄主植物散发出的物质则对它们有趋避作用,所以红脂大小蠹能灵敏地嗅出它们喜欢的食物并准确定位。另外,红脂大小蠹个体之间还能发出一种化学信息素叫聚集信息素,这种我们看不见、摸不着的物质却是红脂大小蠹的风向标。当一只成虫占领一个树干时,会释放这种聚集信息素向同伴们通风报信:"这里有好吃的,大家快来吧!"几天之后,其他的个体就被引诱过来集体为害,导致松树几天之内就会死亡。

　　对于一个新的栖息地来说,一般是雌虫先入侵,随后雄虫被雌性的气息吸引过来,共同建造它们的家。夫妇两个分工明确:雌虫负责开山辟路,雄虫则在后面做排出蛀屑和松脂等善后工作。

　　红脂大小蠹自己肆意妄为的同时,还带来了部分帮凶。现已报道红脂大小蠹与10种长喙壳类真菌伴生,其中大部分是植物的致病菌。当红脂大小蠹入侵时,其携带的病原菌也会伴随其入侵,其中黑脂小蠹细帚霉等伴生菌属于对松树具有高致病性的病原菌,它可以降低植物的抵抗力,从而更利于红脂大小蠹的入侵,使松树遭受虫害和病害的双重打击。虽然在我国油松受害死亡多是蠹虫为害的结果,但仍有部分油松的死亡原因是由于侵入害虫携带的蓝变菌造成。同时,红脂大小蠹除了自身携带有害的伴生菌外,还可以诱导寄主油松产生抑制其他种类伴生菌生长的化

油松

13

合物，以此来协助它携带的有害伴生菌在入侵地的侵入。这种错综复杂的关系中包括了虫—菌种间协作、虫—寄主相互作用、菌—寄主相互作用和菌—菌种间竞争4个方面，验证了红脂大小蠹与其伴生菌的共生关系在入侵地的发展和保持，从而提出了一种新的入侵模式——共生入侵。

啄木鸟

降服"红色恶魔"的"法师"

我国国家林业局从2000年开始，将红脂大小蠹列入六大病虫害治理工程。工程项目实施以来，各地采用监测检疫、生物防治、无公害化学防治、药剂熏杀、信息素诱杀成虫等战术与红脂大小蠹进行了殊死较量，取得了一定战绩，其中启用红脂大小蠹的"法师"来降魔最为精彩。

降服红脂大小蠹的"法师"有很多，主要是大唼蜡甲、拟扁谷盗甲、郭公甲、环斑猛猎蝽和啄木鸟等，而明星"法师"当属大唼蜡甲了。大唼蜡甲是鞘翅目唼蜡甲科的一种甲虫，也是一种捕食性的天敌昆虫，广泛分布在亚欧大陆，在比利时、法国和英国等地曾用来防治另一种大小蠹——云杉大小蠹，取得了良好的效果。因为红脂大小蠹和云杉大小蠹的生活习性和为害方式很接近，所以大唼蜡甲也被作为外援引入我国来捕食红脂大小蠹。2001年，中国林业科学研究院从比利时引进了大唼蜡甲的成虫，并建立了繁育中心，已经成功饲养了10万多头大唼蜡甲，并在红脂大小蠹的为害区进行了

大唼蜡甲成虫

大唼蜡甲释放袋

大唼蜡甲幼虫

释放。在油松林里,我们经常会看到在树干上用图钉钉着的一个白色的纸袋,里面装的就是大唼蜡甲。大唼蜡甲非常喜欢吃红脂大小蠹的卵,其次是幼虫和蛹。大唼蜡甲的释放虫态一般为成虫,但幼虫也可以释放。一般在红脂大小蠹的低龄幼虫阶段释放天敌,这样防治效果最好。释放后,大唼蜡甲会从红脂大小蠹的排粪孔钻入地道,深入虎穴进行捕食。大唼蜡甲释放标准为每公顷100对,依虫口密度的高低按每块20~30对放入林间。释放时间在7月上旬到中旬最好,这时红脂大小蠹已经产卵,部分已经孵化成幼虫。对于大唼蜡甲来说,鲜嫩的食物资源比较丰富,有利于它们安居乐业和繁衍生息。如果释放成虫的话,先用斧子把红脂大小蠹的侵入孔打开,把装有成虫的纸袋放入地道口或树基部。释放幼虫时,用毛笔把它们放入打开的洞口,然后用锯末把洞口堵住。

　　释放大唼蜡甲对红脂大小蠹进行生物防治是一个比较成功的例子。首先,大唼蜡甲是寄主转化性很强的捕食性天敌,它们最喜欢的食物就是红脂大小蠹,捕食效率非常高。其次,很多红脂大小蠹喜欢进入地面以下为害松树的根部,这给人工防治带来极大的困难,而大唼蜡甲能钻到人类鞭长莫及的松树根部的皮下捕食,充分发挥了生物防治的优势。最后,大唼蜡甲成虫有较强的飞行扩散能力,释放后能迅速扩大自己的势力范围,尤其是能到达人类不容易实施操作的坡高山陡的林地,真可谓"上能爬山,下能入地"的高明"法师"。

救命!!

天敌群殴红脂大小蠹

降服"红色恶魔"的"法器"

在松树林里,有时我们可以看到一个悬挂在松枝上的黑色漏斗状的容器,这就是降服红脂大小蠹的"法器"——诱捕器了。"法器"的外形有多种,除了漏斗状的,还有十字形和狭槽形的,另外还有一种叫"粘虫诱捕器",和蟑螂粘板的原理一样,在树干上用牛皮纸绕树干一周固定好,上面涂上一层粘虫胶用来粘住爬过的红脂大小蠹。不管"法器"的形状如何多变,真正发挥法力的是诱芯——植物性引诱剂。诱芯一般为人工合成,有效成分是一些蒎烯类物质。诱芯固定在诱捕器中,诱捕器的底部放置小桶作为盛虫器,桶内加上半桶水用来淹杀诱捕到的红脂大小蠹成虫,然后用药剂集中处理,小水桶每隔2天要换一次水。每年的4月末至9月末是红脂大小蠹成虫的羽化期,这个时期在有红脂大小蠹为害的松林中放置这些"法器"可以有效地引诱它们的成虫。在林区的边缘地带,每隔

红脂大小蠹诱捕器

20～50米悬挂一个诱捕器。使用诱捕器不仅可以有效地诱杀红脂大小蠹,更重要的是通过监测不同时期诱杀的个体数量变化,来判断红脂大小蠹的发生期情况,便于及时进行对症防治。

除了人工诱捕器外,还可以用新鲜的松树伐桩直接引诱红脂大小蠹上钩。在成虫扬飞期间,选用当年新伐的长2米左右,粗度10厘

油松的针叶

米以上的油松充当诱木,码放成"井"字,每堆设置诱木300根以上,把红脂大小蠹引诱过来后进行集中灭杀。

降服"红色恶魔"的"法术"

降服红脂大小蠹的"法术"更是五花八门,大致可分为以下几类。

法术一:切断红脂大小蠹的运输线,杜绝它们搭乘顺风车。对有红脂大小蠹严重为害的林区实行严密封锁,严禁带皮松木外运,阻止红脂大小蠹向外扩散。发生区内松材和松制品向未发生区的调运,必须持有森林病虫害检疫证书方可运输。在调运种苗、带皮木材时，一定要做好严格的检疫措施，最大限度地避免人为帮助红脂大小蠹异地迁移，从源头上防止它们的扩散和传播。另外，对还没有被红脂大小蠹入侵的健康林地要加强监测，定期普查，一旦发现虫情，要及时扑灭，把灾情扼杀在摇篮中。

法术二：釜底抽薪，不给红脂大小蠹提供舒适的温床。红脂大小蠹有点欺软怕硬，特别喜欢入侵经历过火灾、过度割松脂作业和乱砍乱伐等不良人为因素存在的林地，所以，做好林地的防火、防盗伐，及时清除林地内的枯死木和濒死木，并对伐桩进行除害处理，是控制红脂大小蠹发生非常有效的措施。同时还要加强林区的树木保育，提高松树自身对红脂大小蠹的抵抗能力。

法术三：正面进攻，用药毒杀。对于已经发生危害的松林，只好以牙还牙，直接用毒药置它们于死地。这种法术又分为几种方法。第一种方法是虫孔灌药，瓮中捉鳖。如果树干上的虫孔还有新的木屑排出来，说明树干中有活的成虫在活动，这时，用兽用注射器往孔内注射敌敌畏等药剂的原液，注药后用泥封死侵入孔，就可以把树干内的成虫熏蒸致死。第二种方法是集中消灭中坚力量。红脂大小蠹一般集中在树基部为害，所以树基部的害虫数量较多，在树基部周围

油松的雄球花

1.5米的范围内洒入农药，然后翻土20厘米，使药剂比较均匀地分散在土壤中，再加上适时浇水，就可以集中杀死根部附近的成虫。或者以根部为圆心，在半径1米的范围内，每隔15厘米打孔放磷化铝药片1~2粒，然后踩实密封。第三种方法是密集喷药防护。因红脂大小蠹成虫扬飞时间不统一，在使用药剂防治时就需要药效长的药物，而且在4月至10月底之间，最长间

树干上的凝脂

隔20天就要喷一次药，一年的喷药次数不低于9次，药品为毒死蜱、高氯等，这种高度密集的防护的好处是，不管红脂大小蠹在哪个时期扬飞，都会遇到药剂的防治，不过这种"宁可错杀三千，不可放过一个"的做法也可能会伤及无辜，对整个森林生态造成一定的副作用。

法术四：为松树穿上"防弹服"。红脂大小蠹有一个特性，成虫产卵时会避开已经做了防护措施的松树，所以利用它们的这个习性，在松树树干表面涂上"药陶土复配水溶胶"这层"防弹服"进行物理隔离，或者在树干基部绑塑料薄膜，内层放置磷化铝密闭熏杀。这样做有两个好处：一是如果树干中已经有成虫为害，这层"防弹服"能制止树干内的成虫出树并将其杀死；二是能有效阻止外来的红脂大小蠹对健康植物进行为害。

法术五：掌握敌情，对症下药，知己知彼，百战不殆。在与红脂大小蠹的斗争中，我们需要对它们的一举一动了如指掌，这样才能制服它们。这首先就要做好虫情预报，也就是确定红脂大小蠹生活中的关键时期，然后根据这些关键时期来对症下药。

从每年3月下旬开始，在有红脂大小蠹发生的林区预先设定不少于30棵松树的样地，在样地内随时观察树干凝脂的情况。如果3%～4%的松树有新鲜的凝脂，就可以确定为成虫的扬飞期了。这个时期是应用植物性引诱剂和化学措施(如树干喷雾)防治的有利时机。

在成虫扬飞期后的10～15天,隔几天剖开有凝脂的树干,当含幼虫株的比例达到15%～20%时,即可判定为幼虫孵化期。这个时期适合用化学措施,如上面提到的磷化铝密闭熏蒸、树干注射或插毒签等方法,同时还适合用生物措施,如用天敌大唼蜡甲等进行防治。

红脂大小蠹

每年的8月下旬开始,在样地内观察被红脂大小蠹入侵的松树是否具有新鲜凝脂,当有新鲜凝脂的株数比例达到3%～4%时,即为成虫的越冬期。这个时期红脂大小蠹主要集中在树的根部,所以是用化学药剂进行防治的有利时机。可以采用绑塑料布放置磷化铝的方法进行处理,可有效降低越冬虫口密度。

对受虫害致死而采伐的松树,伐根要及时进行熏蒸处理,并尽可能地对采伐迹地进行树种更新;对伐木也要做熏蒸处理,严禁带皮松木的外运。

在这些高明的"法师"、有效的"法器"、五花八门的"法术"面前,相信我们在与这个地道中的隐者的战争中一定能够取得胜利。

(李竹)

深度阅读

高宝嘉,信金娜,关慧元等. 2003. 红脂大小蠹的发生和危害规律. 动物学杂志, 38(5): 71-73.

万方浩,郑小波,郭建英. 2005. 重要农林外来入侵物种的生物学与控制. 1 820. 科学出版社.

赵建兴,杨忠岐,任晓红等. 2008. 红脂大小蠹的生物学特性及在我国的发生规律. 林业科学, 44(2): 99-105.

姚剑,张龙娃,余晓峰. 2008. 入侵害虫红脂大小蠹的研究进展. 安徽农业大学学报, 35(3): 416-420.

万方浩,彭德良. 2010. 生物入侵:预警篇. 1-757. 科学出版社.

环境保护部自然生态保护司. 2012. 中国自然环境入侵生物. 1-174. 中国环境科学出版社.

菊芋

Helianthus tuberosus L.

和其他外来入侵植物一样,菊芋如果在野外泛滥,将是导致生物多样性丧失的威胁之一。失去控制的菊芋将压迫和排斥其他农作物,对当地生态系统产生不利影响。我们在引种菊芋等新的农作物之前,必须对它们进行充分的、科学的评估和预测,引入后还要加强田间观测和调研。

家乡的鬼子姜

我认识菊芋是从鬼子姜开始的。小的时候每到冬季，家里的餐桌上便会有一种乳白色、长得像生姜一样的、脆脆的小咸菜出现，伴着饭吃颇有味道，妈妈告诉我这是鬼子姜的根（实属菊芋的块茎），这是我最初认识菊芋的经历。

菊芋块茎做成的咸菜

在那个年代，北方特别冷，冬季没有特别多的新鲜蔬菜用来食用，除了萝卜、白菜、土豆之类的冬储菜之外，人们还会想尽办法腌制一些小菜，来丰富餐桌上的菜品，鬼子姜就是其中之一。邻居们还会把腌制好的鬼子姜作为礼物相送，比一比谁家腌制的更加美味，彼此交流制作经验。在寒冷的冬季，餐桌上放上一盘脆脆的小菜，吃起饭来格外香甜。

其实在家乡的小山村里，很多人家的房前屋后，或墙角路边都会种植这种叫作鬼子姜的植物，可是我从前并不认识它的枝叶，只知道它当作咸菜的部分。春季和夏季，菊芋只是抽枝长叶，把个子长得高高大大的。到了秋天，天气转凉，别的植物纷纷落花之后，

家乡的小山村

房前屋后常常种植菊芋

它却在高高的枝条上开出一串串黄色的花,丛丛簇簇的黄花开放在农家小院的角落里,高过院墙露在外面,分外扎眼,在这个萧条的季节里显得无比娇艳美丽。大人告诉我,这种秋天天气凉了还能开出花的植物叫作鬼子姜,这次我终于把餐桌上的小咸菜和这种开着黄花的高大植物联系在一起了。

菊芋的花在瑟瑟的秋风中绽放,农田里的玉米、谷子等庄稼都被采收完毕了,它的绿叶还在那里伸展着,黄色的花朵还在那里开放着。到了霜降前后,气温继续下降,它才向寒冷的天气低头。但冻死的时候,它的花依然是开放着的。菊芋地上部分被冻死后,在泥土变得硬邦邦之前,人们开始挖土采摘它的地下块茎。地下块茎被采出后,洗净上面的泥巴,可以直接生吃,但更多的是放在容器里,放上食盐腌制,做成美味小菜供人们在冬春季食用。看着这些被挖出的形态各异的块茎,再看看被冻死的枝叶花,我便可以把这个植物整体复原了。

菊芋的块茎在秋冬季成熟,每到这个季节,它的块茎就大量出现在菜市场上。由于其

菊芋娇艳的花朵

25

山野中的菊芋

27

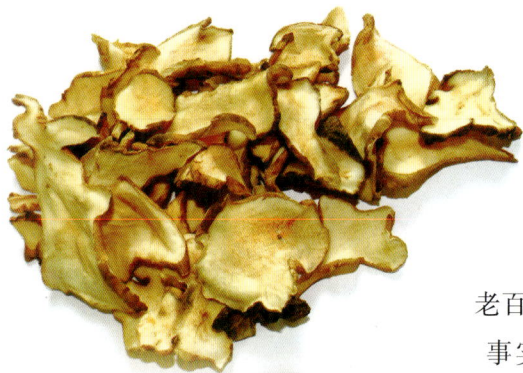
菊芋干

貌不扬,加上人们对菊芋块茎的营养价值认识不足,因此在日常饮食中,菊芋的块茎没有像萝卜、白菜一样被广泛食用,一般普通老百姓多用它来腌制咸菜。

事实上,作为一种蔬菜,菊芋在日常饮食中除了传统的腌渍外,它还有多种食用方式。我们可以将菊芋块茎切成片,晒制菊芋干,储存起来在没有新鲜蔬菜的季节食用。新鲜的菊芋块茎切丝、切片素炒,或与肉丝共炒,味道更鲜美。菊芋也可以煮食,或与大米一起煮粥食用。

外来的"小向日葵"

在植物大家族里面,菊芋 *Helianthus tuberosus* L.属于菊科向日葵属的多年生草本植物。菊芋有很多别名,如洋羌、洋姜、鬼子姜等,在广西它被称为五星草,在广东它被称为番羌,在东北地区它又被称为姜不辣,有些地方叫它鬼子山药。菊芋通常高1~3米,有块状的地下茎及纤维状根。茎直立,有分枝,表面具有白色短糙毛或刚毛。叶通常对生,有叶柄,茎上部的叶片互生;下部叶卵圆形或卵状椭圆形,叶的上面被白色短粗毛、下面被柔毛。头状花序较大,单生于枝端,有1~2个线状披针形的苞叶,舌状花通常12~20个,舌片黄色,开展,长椭圆形;管状花花冠黄色。瘦果小,楔形,上端有2~4个有毛的锥状扁芒。花期为8~9月。实际上,菊芋开的黄花很像一个个"小向日葵",艳而不俗,娇而不媚。

菊芋并不是我国的本土植物,它的原产地为北美洲,17世纪传入欧洲,从欧洲又传入到我国。从它的一个别名"洋姜",便可以知道它是来自外国的植物,推测可能因为它具有像姜一样形状不规则的地下块茎,又属于来自国外的植物,所以国人冠以"洋"字,称之为洋姜。至于菊芋最常见的别名——鬼子姜的来历,有两种说法。一种认为,菊芋是德国占领我国青岛以后将其引进的,种植在花园别墅

菊芋植株

头状花序

含苞待放

花序外层的舌状花

茎和叶

花序中央的管状花

像"小向日葵"一样的花

菊芋块茎

生姜

周围,作为观赏植物,国人对侵略者通常称之为鬼子,出于对侵略者的痛恨,称这种植物为"鬼子姜";还有一种说法是,因为菊芋的块茎顶部像传说中的鬼脸,所以得名鬼子姜。菊芋长势强,植株高大,具有耐旱、耐寒、抗风沙、繁殖力强、易于种植等特点。

菊芋分布广泛,在全球的热带、温带、寒带以及干旱、半干旱地区都有分布。我国东北、内蒙古、河北、河南、浙江、江苏、四川、山东、江西、广东、广西和陕西等地均可种植。

超强的生命力

菊芋具有很高的光合速率。它性喜稍清凉而干燥的气候,耐寒、耐旱、耐贫瘠,抗风沙能力强,在普通和胁迫环境下都有很高的生长率。菊芋的块茎在6～7℃时萌动发芽,而在−25～−40℃的冻土层内也可安全越冬。菊芋块茎在8～10℃出苗,幼苗能耐1～2℃低温,4月初叶片露出地面并开始生长,这个期间晚霜对其毫无影响和损害,18～22℃的温度和12小时日照有利于块茎形成。菊芋的抗逆性强,在野生或适宜的栽培条件下,菊芋病虫害非常轻微,但是在大规模生产时,较容易发生各类病虫害,主要有茎腐病、锈病、灰霉病、白粉病、菌核病和斑枯病等。不过,只要及时拔除病株或喷洒药剂,也比较容易控制。

用菊芋产地老乡的话说,这鬼子姜鬼得很,最能四处窜根,种一

菊芋

31

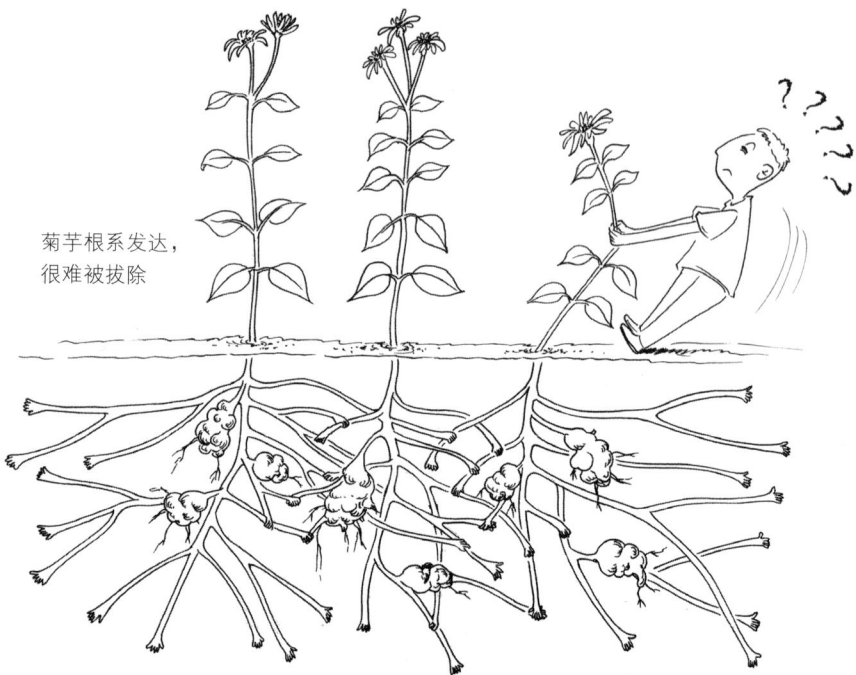

菊芋根系发达，
很难被拔除

块下去，来年地里能长出一大片、几十斤鬼子姜出来，任你咋挖都挖不干净。

小时候我还听说过更神奇的事儿。我们家院墙外面是一条人来人往的小路，有一年，在我家院墙内的墙根下自己长出了几棵鬼子姜的苗，当年也没当回事儿，当然也没挖它的块茎了。没想到来年再看，去年的那寥寥几棵小苗已经变成了颇有规模的一小片了，这些块茎也成了我们家日后的"冬日小菜"的来源。后来听说是有淘气的孩子从我家院墙外的小路上经过时，把吃剩的半块生鬼子姜隔着院墙扔进了我们家，没想到竟然"无心插柳柳成荫"了。

事实也的确如此。菊芋的繁殖不只靠种子，而是和土豆一样，可以用块茎进行无性繁殖。块茎的再生能力非常强，每个块茎上都有许多芽眼，理论上说，每个芽眼都可以再生出一棵植株。因此，在适合它生长的环境中，不用每年专门栽种，前一年留在土中没挖净的块茎来年会自己冒出新的植株，可以以每年20倍以上的速度进行繁殖。除了能进行无性繁殖外，菊芋的根系也很发达，每株有上百根0.5~2米长的根系深扎在土壤中。由于繁殖力强，因而只需2~3年就会在土地表层形成茂密的菊芋茎和根系，牢牢锁住地表层水土。

在菊芋的脚下，在我们看不到的根系土壤中，时刻发生着激烈的"地道战"，菊芋的根系在地下向周围和地下不断地挖"地道"，根系和块茎不断地向周围的领土扩展，并且植株之间还相互交叉形成"地道网"。虽然地上暂时看不出动静，但等到来年春天，菊芋像雨后春笋那样从去年的几棵突然变成一片时，你就会感叹这"地道战"的厉害了。一旦形成连片，用人力是很难破坏其繁衍和发展的。

在极端干旱的环境下，菊芋的地下茎会变得细矮，不开花，或少开花，地下茎很小，但也绝不会旱死，即使地上茎叶全部枯死，一旦有水，地下茎又重新萌发；在雨季，菊芋的根系会贮存大量的水分，以备干旱

外来物种和外来入侵物种

外来物种是指在一定的区域内，历史上没有自然分布，而是直接或间接被人类活动所引入的物种。当外来物种在自然或半自然的生境中定居并繁衍和扩散，因而改变或威胁本区域的生物多样性，破坏当地环境、经济甚至危害人体健康的时候，就成为外来入侵物种。

菊芋根系在地下"挖地道"，很快从几棵变为一片

33

市场上出售的菊芋块茎

时逐渐供给叶茎的生长,而菊芋的地上茎和叶片上长有类似绒毛的组织,可大大减少水分的蒸发。不只耐旱,菊芋还具有良好的耐盐耐碱性。有研究表明,菊芋幼苗根部维持较高的钾离子含量。钾离子是植物所必需的一种以相对高浓度存在的阳离子,细胞质中维持高于某特定值的钾离子浓度,对其生长及耐盐性都是非常必要的。

此外,菊芋抗风沙性也比较强,种子的发芽率非常高。只要覆盖沙土不超过50厘米,它仍可从沙下正常萌发,长出茎叶。秋季菊芋地上茎可形成矮小的防护林带,加上其根系能牢牢抓住部分沙土,并且随着地下块茎增多,可以共同起到固沙的作用。因此,菊芋可以应用在治沙方面。在沙漠中生长的菊芋,植株高大抗风沙,被喻为"地上一把伞";发达的根系可有效保持水土,改良土壤,被比喻为"地下一张网"。这些特点让菊芋成为治沙先锋,被人们称为"沙漠第一草"。

赚大钱的梦想

由于菊芋耐干旱、抗盐碱、适应性广,故房前屋后,地头路边,荒山坡地均可种植。菊芋在秋天开花,串串黄色的花开在秋天萧条的季节里,开在房舍周围的角落里,可以起到美化环境的效果,待其块茎成熟还可以采挖作为蔬菜食用。因此在北方的乡村许多地区都是这样种植菊芋的,使美化环境和食用兼而得之。

正如前面所述,菊芋常用块茎繁殖,方法简单,容易操作。有人调侃说,菊芋的种植甚至比黄宏演的小品里讲的"扒个坑,埋点土,数个12345"还要简单,连12345都不用数就可以种出来。

菊芋一般多为春播。播种方式为埋植块茎。由于各地气候有差异,一般3～5月份播种。平均地温10～15℃即可发芽出苗。播种前先将块茎分选,按萌芽点的多少,用洁净利刃将块茎切成若干块,挖5～10厘米深土坑,将块茎萌芽点向上放入土中,覆土后用脚轻轻压紧。播种时,天气干旱要浇水,或雨后播种。

菊芋一般无明显病虫害。田间管理也很简单,不需要锄草,少数高大杂草拔掉即可;一般情况下也不需要浇水,略施肥料即可。一般在11月份前后,菊芋花朵和叶片干枯时,即可收割茎叶,挖出

菊芋

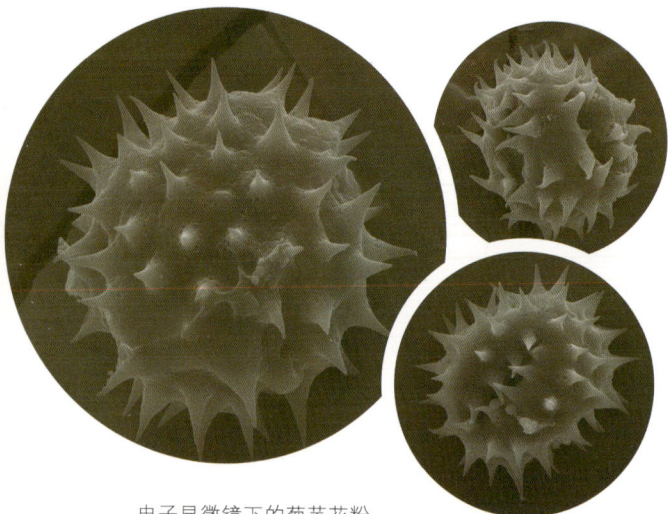
电子显微镜下的菊芋花粉

块茎。

当我国进入市场经济迅猛发展的时代之后，菊芋这个从前并不起眼的植物的命运也发生了变化。很多人已不再满足"小打小闹"的种植方式，而是看到了菊芋潜在的经济价值，试图探索大规模的开发利用，甚至很多地方政府都在鼓励和发展菊芋产业，打起了"助农增收"的旗号，认为菊芋种植条件适宜、市场前景广阔和经济效益良好，特别适合在一定的行政区域内全面发展，成为群众致富的一个好产业，更是农村经济发展的一个短平快项目。

菊芋属于较为粗放型管理的作物，投入相对较低，且节省劳动力。在菊芋7～8个月的生长期内，青壮年劳力可以外出务工，创劳务收入，年底再收获菊芋，从而达到务农、打工两不误。

于是，如同其他容易炒作的项目一样，有不少地方建立了专门的公司或机构，对菊芋实行订单生产。这些公司或机构先提供一定数量的菊芋块茎或种子，收购时扣除该项费用，并在种植后的6～7月间，组织技术人员查验青苗，然后先给农民提供预付款，而且组织技术人员实地进行技术培训指导，采收期间则在种植乡镇设点收购，实行现收现付，不拖欠农民资金。有的地方还发明了菊芋收割机，进一步提高了生产效率。

在这样的基础上，的确有个别地方创造了农民种植菊芋增收的奇迹，实现了"种洋姜也能赚大钱"的梦想。

风险与忧患

毫无疑问，见到效益的农民们种植菊芋的热情十分高涨，很快就出现了"一窝蜂"的局面。

36

随着种植规模的不断扩大,种植菊芋的风险也逐渐显现了。菊芋毕竟不是主要的粮食或蔬菜作物,市场需求有限,过度种植的结果不仅造成了产量过剩,而且还使农民浪费了时间、地力、肥料等重要的农业资源。越来越多的农民认为种菊芋并不划算,甚至有"上当"的感觉。于是,很多农民放弃了鬼子姜的种植和管理。不过,"请神容易送神难",从前面的讲述大家就已经知道,鬼子姜可不是那种需要特别的呵护才能繁衍生息的普通植物,这东西一旦种下,就再也清不干净了。从各个方面来看,它都具有外来入侵物种的特性。失去控制的鬼子姜是十分可怕的。这是因为,鬼子姜适应性极强,抗干旱、抗病虫,几乎没有什么害虫来吃它。地下茎到了秋天会分化很多。不仅如此,它的种子会随风飘荡,落地生根。

菊芋和其他外来入侵植物一样,如果在野外泛滥,将是导致生物多样性丧失的威胁之一。它将同本地物种竞争食物,或通过化感作用等手段威胁当地物种的生存,甚至会造成本地种的灭绝。另外,菊芋也会通过竞争、占据本地植物的生态位,使本地物种丧失栖息地,失去生存空间,从而大量死亡。菊芋还大量利用本地的土壤水分,不利于水土保持。它的

菊芋供大于求,许多农民放弃了对菊芋的管理

菊芋和本地植物竞争

根可以达到一定的深度并通过窜根的方式极度扩张，吸收土壤大量的水分，使地下水位下降，土壤过度干燥，从而降低其肥力。

失去控制的菊芋将通过压迫和排斥本地农作物的方式，导致农田生态系统单一和退化，进而影响本土生态系统的结构和功能，破坏生态平衡，对当地生态系统产生不利影响。

野生菊芋会排斥本地农作物

因此，我们对菊芋这种具有"双刃剑"性质的外来植物，决不可以掉以轻心，应尽快完善针对外来入侵植物的预警及管理的相关法律、法规，提高公众对植物入侵和生态安全的意识。在新的农作物引种前，就对此作物进行充分的、科学的评估和预测。外来植物引入后应加强田间观测和调研，如发现问题应及时采取有效措施，避免造成大面积危害，从而维护生态平衡，保护农田作物的多样性。

（徐景先）

深度阅读

徐正浩,陈为民. 2008. 杭州地区外来入侵生物的鉴别特征及防治. 1-189. 浙江大学出版社.

雷霆,崔国发,卢宝明. 2010. 北京湿地植物研究. 1-175. 中国林业出版社.

徐正浩,陈再廖. 2011. 浙江入侵生物及防治. 1-353. 浙江大学出版社.

徐海根,强胜. 2011. 中国外来入侵生物. 1-684. 科学出版社.

李景文,姜英淑,张志翔. 2012. 北京森林植物多样性分布与保护管理. 1-443. 科学出版社.

截头堆砂白蚁

Cryptotermes domesticus (Haviland)

截头堆砂白蚁常年隐藏在"地道"内，很容易随着家具、木材甚至木雕等木制工艺品的运输而传播蔓延，扩散容易，但发现和防治却很难。因此，对进口木材及木制品进行严格的检疫是非常必要的，发现蚁源必须及时灭治。

白蚁的有翅成虫

无牙老虎——白蚁

"千里之堤,溃于蚁穴。"从这句广为流传的俗语里,你就可以感受到"蚁"的厉害。这里的"蚁"不是蚂蚁,而是白蚁,它的危害由来已久,最早在《尔雅》中就有记载,《韩非子·喻老》中也提到"千丈之堤以蝼蚁之穴溃",《淮南子·人间训》也记载了类似的句子:"千里之堤以蝼蚁之穴漏。"

白蚁是昆虫纲等翅目昆虫的通称,该目昆虫前后翅几乎等长,故称为等翅目。白蚁在古代被称之为"飞螳""蠹"等,民间的俗称为白蚂蚁、大水蚁(因为通常在下雨前后出现)、棚虫等。等翅目昆虫是一种营社会性生活的昆虫,其群体为蚁后、蚁王、兵蚁、工蚁等,是一种多形态、群居性而又有严格分工的昆虫,群体组织一旦遭到破坏,就很难继续生存,脱离群体的个体在自然界里是无法长期存活的。

它们以自然界各种含纤维素的物质为食,危害范围很广,

台湾乳白蚁蚁后、
兵蚁和工蚁

有翅的台湾乳白蚁成虫

白蚁危害的木材

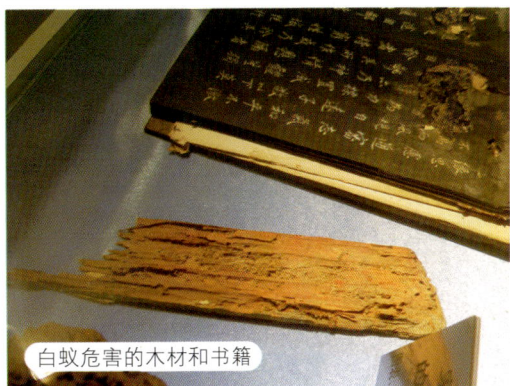
白蚁危害的木材和书籍

几乎涉及国计民生的各个方面：如破坏房屋，破坏河堤和水库堤坝，蛀蚀埋在地下的电缆和交通、电信设施，危害农林作物等，给国家经济建设造成巨大损失，给人民生命财产带来严重威胁，被称为"无牙老虎"，是热带、亚热带地区的五大世界性害虫之一。

许多人都不知道，白蚁甚至能吃金属！关于它的这个本领，还有个趣闻呢。清代吴震方在《岭南杂记》中这样写道："康熙甲子年(1684年)盐课提举司汪蒂斯为余言，库银忽缺数千金，见壁下有蛀末一堆，烂如白银，寻其穴掘之，得白蚁数斛，入炉铸之，仍得精金，但耗其十一耳。"意思就是说，当时存放在国库中的白银发现少了数千两，后来看到墙壁下有一堆看似白银的粉末，由此找到白蚁的洞穴，把白蚁投入炼炉中，结果炼出了部分白银，但也损耗了不少。原来，白蚁可以分泌出一种高浓度的蚁酸，它与白银产生化学反应，形成蚁酸银，这是一种黑色粉末，会被白蚁吃下去。看来，它们"无牙老虎"的称谓还真是名副其实啊！

工蚁

兵蚁

蚁王

蚁后

土栖性白蚁群体

43

土木两栖性
白蚁的巢

爱啃木头不怕渴

全世界已知的白蚁约有
3500多种，主要生活在南北回归线之间的热带、
亚热带等温暖多湿地区。白蚁是巢居生活的昆虫，蚁巢是白蚁
生活的大本营。各类白蚁无论如何生活，都有或简或繁的蚁巢。白
蚁按生活习性可分为木栖性、土栖性和土木两栖性白蚁。木栖性白
蚁在木质建筑物，如木屋、木制门窗、木地板、铁道枕木、木制桥梁、
枯树等被吃空的部分建巢，取食木质纤维，是木材制品的大害虫；土
栖性白蚁在地面上或地面下筑巢，地上巢高出地面呈塔状，称为蚁
冢。土栖性白蚁以树木、树叶和菌类等为食。

等翅目共分为6个科，其中木白蚁科的昆虫比较原
始，这个科的昆虫主要危害木材，多生活在硬质木门

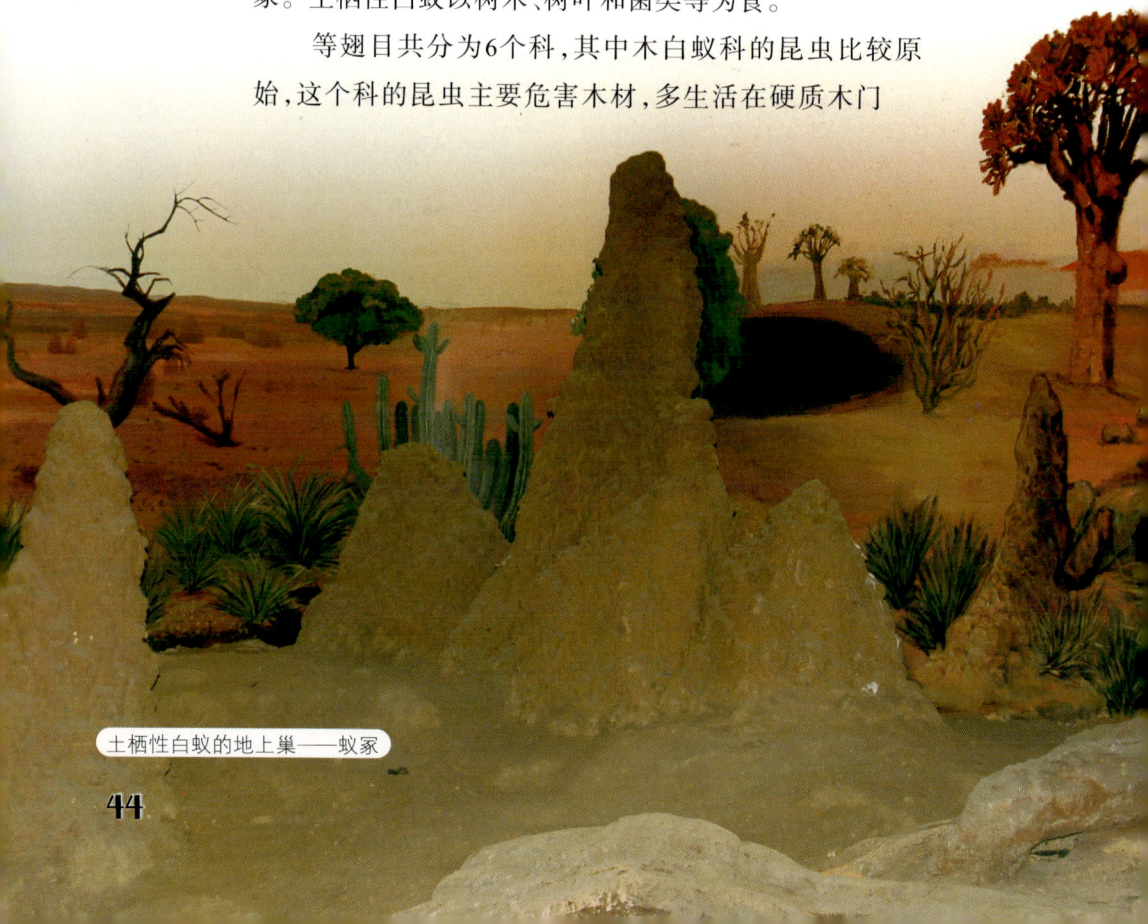

土栖性白蚁的地上巢——蚁冢

框和窗框中，也侵蚀办公桌、椅、床架等。因此，它们还有"家私白蚁"的称呼。当它们被发现时，家具早已严重损坏。

白蚁通常都离不开水源，但木白蚁有3对直肠腺体，能够吸收粪便中的水分，所以它们十分耐渴，可以离开水源在极其干燥的木材内生存，仅靠干木材内含的有限水分即可维持生命。木白蚁的巢体不大，结构也很简单，实际上这类白蚁的巢穴只不过是在木材中钻蛀一些孔道而已。

我们故事的主角就是一种木白蚁，名叫截头堆砂白蚁 *Cryptotermes domesticus* (Haviland)，隶属于木白蚁科堆砂白蚁属，是典型的木栖性白蚁。由于它常从蛀孔排出砂粒状的排泄物，在蛀孔下方堆成小砂堆，故称之为堆砂白蚁。截头堆砂白蚁是世界性的蛀木害虫，广泛分布在热带和亚热带地区。它们主要蛀蚀干木材、木制品及建筑物的木结构，食性广泛，来者不拒，能取食多种在分类上差异很大的不同树种的木材，对木制品和建筑物木结构的蛀蚀普遍而且严重，是传播最广的主要危险白蚁之一。由于它不筑露在木材外的蚁路，打的是"地

截头堆砂白蚁
主要蛀蚀木家
具及木制品

45

截头堆砂白蚁在木材中"挖地道"

道战",蛀蚀的通道是它们的巢穴，因此，发现和防治它们都比较困难。

截头堆砂白蚁原产地在印度和马来西亚，因为这种白蚁很容易随着家具、木材甚至木雕等木质工艺品的运输而传播蔓延，所以后来陆续地传入了斯里兰卡、印度尼西亚、泰国、越南、新加坡、日本、芬宁岛、马克萨斯群岛、巴拿马、萨摩亚、新不列颠、所

明朝黄花梨木雕花靠背椅

罗门群岛、斐济、澳大利亚、弗林特岛、塔希提岛、关岛等地。我国检疫部门虽然早已对这个臭名昭著的害虫严防死守，但由于我国每年需要从东南亚国家进口大量木材，终于被截头堆砂白蚁撕破了防线，目前我国南部的广东（徐闻、湛江）、广西（南宁）、海南（万宁、文昌、保亭、三亚、儋州、海口、澄迈、福山）、云南（河口）、台湾等省区均有分布，其中广东省的湛江地区遭受该种白蚁的危害尤为严重。

木雕

截头堆砂白蚁挖的"地道"和排出的砂粒状粪便

47

进口木材有可能携带截头堆砂白蚁

分工明确

在截头堆砂白蚁的每个大家庭中,都有着清晰明确的分工和品级分化。家族成员各司其职,密切合作,使整个群体可以有条不紊地生存和繁衍。

有翅成虫

先认识一下家庭中的成虫吧。它们按照生理机能可分为生殖型和非生殖型两大类。生殖型也称为繁殖蚁,是大家庭中负责交配产卵、繁衍后代的个体,在整个巢内数量最少,但作用非常重要。繁殖蚁又包括原始繁殖蚁和补充型繁殖蚁两种。原始繁殖蚁是一个家庭群体的创建者,它们原本是巢内的有翅成虫,在分飞时脱翅配对,然后繁殖后代,雄的叫蚁王,雌的叫蚁后。一个群体一旦失去生殖蚁,必定要有新的生殖蚁也就是补充型繁殖蚁来补充,否则这个群体不仅仅只是无法繁殖后代,整个群体的成员也将无法协调工作,最后必然导致毁灭的结局。

非生殖型通常有兵蚁和工蚁两种,但截头堆砂

48

白蚁比其他类群的白蚁进化程度低,群体中没有工蚁,而是由群体中占大多数的若蚁行使工蚁的职能。非生殖型兵蚁虽然也有完整的生殖器官,但发育不全,没有生殖能力。它们数量不多,是群体的保卫者。兵蚁的主要任务是防卫,不参与群体内的其他工作。如果群体遭到侵扰,会有许多兵蚁用褐色的头壳堵住洞口阻止外敌的侵入。

若蚁

除了成虫外,巢内还有卵、幼蚁、若蚁。幼蚁是指卵孵化后的1龄或2龄个体,这时还没有明显的翅芽。它们蜕皮后,出现翅芽的老龄虫体称为若蚁。

兵蚁在非生殖蚁中是个关键的角色,因为它们的出现是一个大家庭形成的重要标志,说明群体已具备了长期生存的各项基本功能。巢龄超过4年的群体内一定有兵蚁出现,这时品级齐全,各品级都以一定数量的比例存在。3年多但不到4年巢龄的群体,如果家庭成员数量超过14头,也会有兵蚁出现。兵蚁实际上是由个体较大的末龄幼蚁形成的,它的产生可能是为了应急的需要,也可能与群体内白蚁的激素分泌因素有关。

当你看到截头堆砂白蚁的活体时,可能会觉得它们的长相与"无牙老虎"这个威严的称谓严重不匹配。

木块上的若蚁和幼蚁

49

实验室中用来观察截头
堆砂白蚁的木块

只见它们的若蚁只有5～6毫米大小，身体为淡黄色，有两根念珠状的触角，身体白胖柔软，行动迟缓，完全不像有威胁的样子，但它们的口器是典型的前口式咀嚼式口器，尖利的上颚可以咬断任何看似坚硬的物体。兵蚁在群体中比较明显，它们身体也是淡黄色的，但上颚和头前部黑色，后部红褐色，前胸背板的前部棕黄色。头部形状也和若蚁有区别，头部较厚，近方形，后端圆，头前端呈垂直的截断面，这也是它名字中"截头"两字的由来。兵蚁上颚短、扁宽，前端尖锐，向上翘起，触角12～14节，念珠状。截头堆砂白蚁群体中阳盛阴衰，幼蚁和若蚁都存在雌少雄多的现象，有些群体中的兵蚁也是如此。

在成熟的白蚁群体内，每年在一定季节里还会出现大量的有翅成虫，也可以称之为有翅繁殖蚁。这类个体无论雌雄，形态与原始繁殖蚁基本相同，只不过尚未脱翅和配对，实际上就是原始繁殖蚁。它们体长包括翅在内约8～9毫米，不包括翅的话仅有5～6毫米。头暗黄色，身体淡黄色，膜翅透明无色。头长方形，触角16节，前胸背板与头等宽或稍宽于头。等到发育成熟后，它们会飞离老巢，分飞脱翅，另外组建自己的小家庭。翅脱落时沿一缝裂开，只剩翅鳞附着在胸部。

兵蚁头的
前端平截

华丽而冒险的集体婚礼

截头堆砂白蚁的有翅若虫完成最后一次蜕皮后，就成为成熟的有翅雌雄成虫，也就是新家庭的原始繁殖蚁。在每年的4月中旬至8月中旬，环境条件适宜时，大量有翅成虫就会飞离原来的群体，从原来的

大家庭中分飞出
来,建立新群体扩大危害,这种
现象叫"群飞""分群""婚飞"或"分飞"。截头堆
砂白蚁属于社会性昆虫,有翅成虫分群是社会性昆虫建立新群体的
一种特有的繁殖形式。

截头堆砂白蚁1年中分飞天数为55～80天,这为其扩散传播创
造了很多机会,也是其他种类的白蚁如家白蚁、土白蚁、散白蚁等无
法比拟的。截头堆砂白蚁原始繁殖蚁一般在傍晚18:30～19:30开始
分飞,下午闷热或阴天时分飞时刻会提早。

截头堆砂白蚁举办的是"集体婚礼",有翅"新娘"和"新郎"同时
在空中轻盈地飞舞着,在异性面前尽情展示自己绰约的风姿。截头
堆砂白蚁几乎终生在木材的地道中生活,分飞是它们一生中唯一一
次能够出现在"公众"面前的机会,故而也增加了暴露在天敌面前的
风险。所以,分飞的有翅成虫虽然数量多,但实际上能够成活、匹配
成功的只占极少数。

原始繁殖蚁刚从木材中分群飞出时有趋光性,像蛾子一样会朝
向光亮处飞去,15分钟左右,成虫的四翅就从肩缝处脱落。脱翅后的
雌雄蚁还没有明显的追逐行为,它们先是独自爬行,寻找隐蔽场所,
然后钻入洞内另建新居。分飞脱翅后的原始繁殖蚁特别喜欢钻洞,
雌雄配对钻入"洞房"后,用9小时左右的时间用分泌物把洞口封闭,
以使它们在洞内的取食、排泄、繁殖后代等活动不受外界干扰,关起
家门专心地过自己的小日子。雌雄原始繁殖蚁配对结成配偶,预示
着一个新家庭的诞生。

大约8～12天后雌性原始繁殖蚁开始产卵。第一次产卵量并不
多,一般产1粒。产卵有间歇性,有时隔几天甚至隔半个月后才产第

截头堆砂
白蚁的家

2粒卵。截头堆砂白蚁在配对后的当年产卵量不多，一般只产3～5粒。刚产的卵饱满，淡红色，呈肾形。等卵的颜色渐渐地变成淡棕色略带浅黄色，卵明显收缩时，就已经接近孵化了。在比较温暖的气候环境下，一般需46天左右就能孵出幼蚁。

小家庭成立后，截头堆砂白蚁仍然在洞内取食、活动。它们没有复杂的巢穴，蛀蚀的不规则通道便是它们的家。家庭成员很少爬出洞外，但是会把排泄物推出洞外，形成砂状的小堆，这又是它名字中"堆砂"两字的由来。截头堆砂白蚁的粪便呈椭圆形，细砂粒大小，颜色有红褐色、土黄色等多种颜色，这与它们吃的食料有关。粪便很硬，砂粒状，不易捻碎。

随着时间的推移，白蚁的家庭成员会不断增加，但小家庭建立的前一两年，家庭成员数量增长速度缓慢，后代个体数量不多，1年巢龄、2年巢龄群体的子代个体数量只有3～8头和10～16头。3年以后，家庭成员增长速度渐渐加快，此时的家庭后代的个体数量为12～35头。有兵蚁出现的 4年巢龄内，后代个体数量

两种颜色不同的粪便

增至23～54头,其中兵蚁为1～3头。相对于其他类群的白蚁来说,截头堆砂白蚁的种群数量算是比较少的,7年巢龄群体发育成熟时,后代个体数量一般为36～115头。成员中只有幼蚁、若蚁,少量兵蚁,没有工蚁,其中兵蚁为1～4头。

群体中的兵蚁数量虽少,但保持了群体内品级的平衡以及工作的需要。因为群体中各品级担负着不同的任务,各品级都以一定数量、比例存在,群体才能正常发展。

每个小家一般要经历7年的时间才能发育成熟,产生下一代原始繁殖蚁,也就是说完成一个世代的生活周期。但如果温度和湿度条件合适的话,群体发育成熟的时间就会大大缩短,只需要2～3年的时间。群体成熟的标志是若蚁有一部分羽化为原始繁殖蚁,进行分飞繁殖,分出新的小家庭。原始繁殖蚁是由若蚁变成的,这时的若蚁在身体上会发生一系列的变化:复眼开始变成淡棕色并逐渐加深,同时出现翅芽,且不断伸长。若蚁从复眼颜色变深至发育为原始繁殖蚁飞出群体的过程,一般需要15～20天。

智能生育策略

截头堆砂白蚁的繁殖能力很强,除了上面提到的主要的繁殖方式,即原始繁殖蚁分飞配对建立新群体的方式外,它们还有另外一种繁殖方式,即若蚁离群后,可以产生补充型繁殖蚁进行繁殖。

群体内的若蚁不但能起到工蚁的职能、分化为兵蚁和原始繁殖蚁,还可以分化为补充型繁殖蚁,简直就是"万能蚁"! 若蚁一旦离开群体后,就容易形成补充型繁殖蚁,建立新群体进行扩大危

可以形成补充繁殖蚁的若蚁

害。在仅有5头若蚁的群体中，只要温、湿度适宜，就可以产生一雌一雄的补充型出现，并能繁殖后代。听起来是不是十分智能？据研究发现，形成第1个补充型繁殖蚁需要8～20天，第2个补充型繁殖蚁形成需要15～30天。雌雄补充型繁殖蚁出现后至开始产卵需要11～31天，孵出幼蚁需要51～58天。

　　补充繁殖蚁是典型的一夫一妻制。补充繁殖蚁只能1雌1雄共存，当第3个补充型繁殖蚁出现后，不管是雌是雄，不超过1个月，必定被咬死，所以每个群体只能存在一对补充型繁殖蚁。而对于原始繁殖蚁来说，3头（2雄1雌或2雌1雄）可以一起共存8个月之久，并可以产生后代。补充型繁殖蚁还可以再续，如果人为或其他原因移走第一个补充型繁殖蚁，它们可以重新形成补充型繁殖蚁。

　　补充型繁殖蚁不仅有繁殖功能，还在群体中起着重要的协调作用。孤儿群体中没有补充型繁殖蚁的存在，群体就不能长期生存和发展，这是截头堆砂白蚁保证子孙后代繁荣兴盛的另一个重要手段。离群后的孤儿群体，只要有5头若蚁在一起就能产生补充型新群体；孤儿群体中，必须至少存在2头补充型繁殖蚁，它们的子代才能正常发育，群体才旺盛。

坚决啃下这块"硬骨头"

截头堆砂白蚁把木材几乎蛀空

　　截头堆砂白蚁主要有三种扩散传播途径：第一种是前面提到的分飞传播；第二种是蔓延传播，即由小范围为害逐渐蔓延扩散到大范围为害；第三种是随寄主物体远距离地传播，其中主要通过人类运输的木材及木制品进行传播。

　　截头堆砂白蚁扩散容易，但发现和防治却很难。它们常年隐藏在地道内，极少在洞外活动，为害非常隐蔽，为害早期不容易被发现，等外露特征明显时，木材早已被蛀蚀严重，损失已不可挽回。再加上它们巢居简单、分散、无特殊结构，蛀蚀木材形状不规则，蛀蚀通道便是巢居所在地等特点，一时难以发现。爱啃"硬木头"的截头堆砂白蚁看来非常难对付，但我们一定要啃下这块"硬骨头"。

首先，要加强检疫，切断虫源。截头堆砂白蚁容易随木材及木制品携带传播，而且食性广泛，可以取食多种在分类上差异很大的不同树种木材。由于我国近年来从东南亚国家进口大量木材，为了减少木材携带该种白蚁，从感染区进口木材及木制品时需要进行严格的检疫，发现蚁源必须灭治，以免扩散、蔓延。

其次，防范于未然，平时人们要注意观察是否有危害症状。截头堆砂白蚁只要温度、湿度适宜就可以生存。由于现代家居及办公场所木制品增多，加上家居条件和办公条件的改善，人为控制温、湿度的程度大大增加，而人类适宜的温、湿度正好是截头堆砂白蚁适宜生存、繁殖、发育、分群扩散的条件。在这种环境中，要注意检查木制品及木结构是否有截头堆砂白蚁

白蚁和蚂蚁

在日常生活中，白蚁俗称为"白蚂蚁"，那么白蚁是白色的蚂蚁吗？别看名字中只差一个字，可它们的差别太大了。

首先在进化和分类体系中，它们分属于不同的目：白蚁是在进化上比较低等的等翅目昆虫，而蚂蚁是进化上比较高等的膜翅目昆虫。白蚁在进化史上古老而原始，至今已经生存了2.5亿年了，而蚂蚁仅有6000万年的生活史。其次，白蚁在发育上属于半变态昆虫，发育不经过蛹的阶段，蚂蚁属于完全变态昆虫。再次，两者的外部形态也有很大区别：白蚁是念珠状触角，身体比较柔软，前后翅一样大小，而蚂蚁触角为膝状，体壁坚硬，前翅明显大于后翅。最后，白蚁怕光，隐蔽活动；食性单一，只吃含有木质纤维素类的木材等物质，不贮存粮食，而蚂蚁不怕光，多在露天场所活动；食性杂，有贮存粮食的习惯。

其实，古人最初也是两者不分的，起码在字面意思上没有区别。中国古书所称蚁、螘（和蚁是同义异体字）、飞螘、蚍蜉、蠡、蟓等，都与蚂蚁混同。自宋代开始，白蚁才开始有了自己的名字。

55

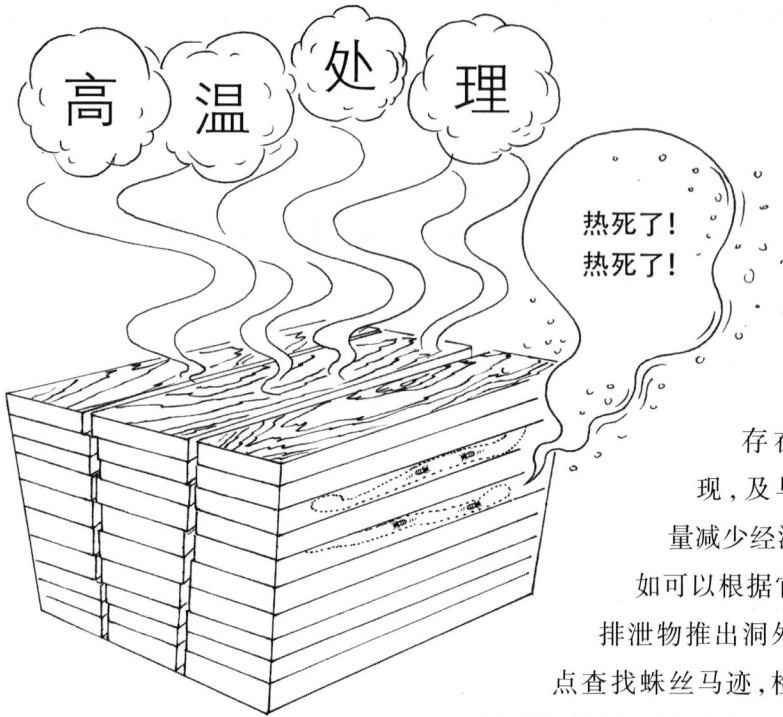

高温处理

热死了！
热死了！

进口木材要进行高温处理

存在，及早发现，及早灭治，尽量减少经济损失。例如可以根据它们将部分排泄物推出洞外的行为特点查找蛛丝马迹，检查木材及木制品周围是否有类似木材颜色的细砂粒状的、不易碎的颗粒物等。

最后，掌握好灭治时机和灭治方法。截头堆砂白蚁新建群体从建立至发育成熟，群体内的子代数量不多，因此，防治的最好时期是在它们的早期，尤其是新建1～2年的群体。

截头堆砂白蚁的灭治方法主要有三种。一是毒气战，用药剂进行熏蒸处理。由于该种白蚁巢居简单、分散，蛀蚀木材呈不规则隧道，所以使用防治家白蚁和土白蚁的喷粉、诱杀等传统灭蚁方法难以达到彻底的杀灭效果，而采用熏蒸处理就能达到100%的杀虫效果。二是高、低温处理。截头堆砂白蚁生存、繁殖的适宜温度为23～27℃，相对湿度80%，温度低于18℃或高于33℃都不利于它的生存。18℃以下它就不能产卵，若蚁不能形成原始繁殖蚁；33℃它可以产卵，但卵粒慢慢收缩变干而不能孵出幼蚁，持续33℃或以上的高温可以使部分个体死亡。因此，针对截头堆砂白蚁的这些特点，可采用对环境无污染的物理防治方法，如红外线、高频电流、热杀法等进行高温处理，或者进行低温制冷处理。如果木材或木质家具被截头堆砂白蚁蛀食，可在65℃中加热1.5小时，或在60℃加热4小时，效果也很好。三是给木材打点滴，注入药液灭治。在被截头堆砂白蚁为害的木材表面每隔30～40厘米钻孔通隧道，灌入灭白蚁剂或有熏蒸作用的药剂，如敌敌畏乳剂等。对于被截头堆砂白蚁蛀蚀严重的木材、木结构或木制品，要清除、销毁，以减少蚁源。

利用地道作战的截头堆砂白蚁喜欢啃"硬木头"，我们也毫不示弱，一定想尽办法啃下这块"硬骨头"。

截头堆砂白蚁

（李竹）

深度阅读

黄珍友, 戴自荣, 何复梅等. 1997. 截头堆砂白蚁补充型繁殖蚁形成的生物学特性及其在群体中的作用. 昆虫天敌, 19 (4): 165-168.

黄珍友, 戴自荣, 钟俊鸿等. 2003. 截头堆砂白蚁原始繁殖蚁行为特点研究. 昆虫天敌, 25(4): 169-174.

黄珍友, 戴自荣, 钟俊鸿等. 2004. 截头堆砂白蚁分飞期研究. 昆虫知识, 41(3): 236-238.

黄珍友, 钱兴, 钟俊鸿等. 2005. 截头堆砂白蚁原始繁殖蚁形成的周期. 昆虫知识, 42(5): 528-531.

钱兴, 黄珍友, 钟俊鸿等. 2005. 截头堆砂白蚁新群体的形成及发展. 昆虫天敌, 27(3): 118-126.

钱兴, 黄珍友, 钟俊鸿等. 2005. 不同树种木材对截头堆砂白蚁初建群体的影响. 昆虫天敌, 27(4): 170-177.

黄珍友, 钱兴, 钟俊鸿等. 2009. 截头堆砂白蚁研究概况. 昆虫学报, 52 (3): 319-326.

徐海根, 强胜. 2011. 中国外来入侵生物. 1-684. 科学出版社.

张青文, 刘小侠. 2013. 农业入侵害虫的可持续治理. 1-395. 中国农业大学出版社.

革胡子鲇

Clarias lazera Valenciennes

江河之水，川流不息。我们注意过水下的鱼类世界那些悄无声息的变化吗？什么鱼消失了，又有什么鱼出现了？没有人能够看到。正是由于这种疏忽，一些外来入侵的物种趁机扎下根，赶走了土著物种，形成一个个自然种群，慢慢地成为这些江河中的新主人。

怪声惊梦

小时候,我们经常会听到关于"鬼"的故事。长大以后,我们自然知道世上并没有鬼的存在,但是到电影院里看那些惊悚片时,即使壮着胆子,还会有令人毛骨悚然的感觉。在这类影片中,"鬼楼"或"鬼屋"无疑是"鬼"经常"出没"的地方。在一座瑰丽豪华的深宅大院里,或者是在一座古老的城堡中,有人会碰上一些意想不到的怪事,如一束飘忽不定的光,或一种莫名其妙的怪声,从而演绎出一系列荒诞不经的故事……

在现实生活中,有人也会用"鬼楼"来解释一些莫名其妙的怪事。前几年,在广西的一个寂静而美丽的小城里,就发生过这样的事情。

兄弟二人刚刚住进二层楼新居,却无法睡得安稳。在万籁俱寂的夜晚,他们不断地被一种奇怪的声音吵醒。这种声音飘忽不定,

弟兄俩在自家的
化粪池中捞出了革胡子鲇

若有若无，既不像是老鼠发出的声音，也不像是人为制造出来的响动，更没有人能找到这个怪声的来源。难道，这里真的闹鬼了？

几夜无眠的兄弟二人下定决心：就是拆了房子也要把真相弄清！但经过仔细地探查，他们终于发现，声音最明显的地方，竟然是楼下与厕所连通着的化粪池。这种池子通常是在盖楼的时候，像挖地道一样在地下挖的，它的用途就是蓄积楼房厕所排泄出来的粪便、污水，而自打楼房完工的那天起，化粪池的"地道口"就被沉重的水泥盖子盖上了，一般轻易不打开。

革胡子鲇

难道有什么怪物能钻过厚厚的井盖，藏身在化粪池里吗？强烈的好奇心驱使兄弟俩撬开了那几十斤重的水泥盖子。一股恶臭扑鼻而来，让人作呕。在这满是粪便的污水下面，能藏着什么呢？

几分钟后，平静的污水里，居然泛起了一些水花。突然，一个带着胡须的活物从污水里钻出，又迅速地消失了。它会是什么呢？兄弟俩拿来了网具，忍受着恶臭，在化粪池里捞了起来。结果两条"潜伏"许久的大鱼被捞了上来。鱼能在化粪池里边生活，而且还长这么大，真是令人惊讶不已！

除了这两条大鱼，兄弟俩还陆续捞出了七八条小鱼。他们认得出来，这不过就是本地常见的塘角鱼。难道，这就是传说中的鬼魅？难道，就是它们制造出了让人不寒而栗的怪声？更令人不解的是，它们怎么能在满是粪便的化粪池里生存下来，还奇迹般的繁衍了自己的后代呢？

鬼魅的鱼

塘角鱼的"大名"叫革胡子鲇Clarias lazera Valenciennes，在分类学上隶属于鲇形目胡子鲇科胡子鲇属。一般人们就叫它鲇鱼，在我国南方也叫它塘角鱼、埃及塘虱、埃及胡子鲇、八须鲇等。它是一种黑黝黝、滑溜溜，没有鳞片，体表多黏液的鱼，平常总是钻进水底的黑暗处或淤泥中，就像在地道中藏匿一样，昼伏夜出，一般人看不到它的踪影。只有当黑夜来临，这群黝黑的鱼类才无声地穿梭在水的底层，游动、觅食、繁衍后代。它的外形冷酷、行为诡秘，因此，每当人们脑海中浮现出它无声无息地滑行在水底的身影，就忍不住浮想联翩：若是好莱坞拍一个关于淡水水域精灵的3D大片，它一定是那个鬼魅的黑衣使者的原型。

除了鬼魅的形象和习性外，革胡子鲇"隐忍不发"的性格，也帮助它逐步反客为主，成为我国南方地区一些天然水体中鲇形目鱼类的主流。

在我国的传统中，鲇鱼属于比较名贵的食用鱼，因为它有补脾益血、催乳、利尿的作用，能治脾虚水肿、小便不利、产后气血虚亏、乳汁不足等。民间把鲇鱼当成一种催乳的佳品，是妇女产后食疗滋补的必选食物。鲇鱼肉易消化，也特别适合老人和儿童食用。还有一些人喜欢吃鲇鱼，是觉得鲇鱼无鳞，没有细刺，口感鲜嫩，肉质细腻、糯软。由于野生鲇鱼难以抓获，市场供应很不充分，所以更显出鲇鱼的珍贵。因此，20世纪80年代初

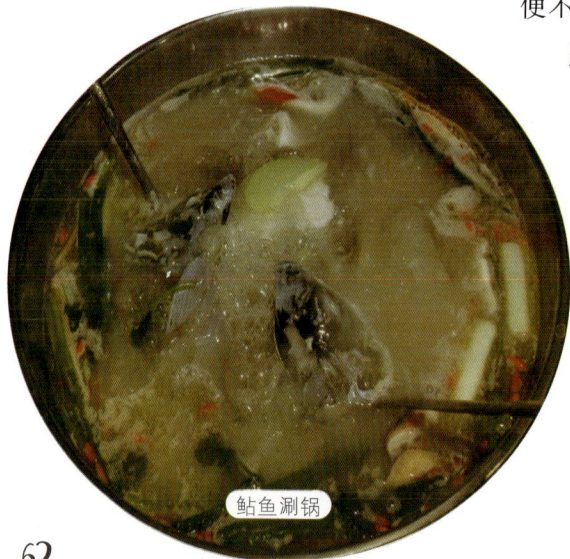

鲇鱼涮锅

养殖革胡子鲇的鱼塘

期,在我国引进国外经济鱼类养殖的大潮中,鲇形目的鱼类自然成为人们关注的对象,其中革胡子鲇格外耀眼。它的优点可以说有一箩筐:生长快、产量高、食性广、抗病力强、耐低氧、适应性强,所以立刻被人们所看中,作为一种很有养殖前途的优良高产品种引进,以补充我国淡水鱼市场上鲇鱼产量的不足。1981年,它从埃及和中非共和国首先引入我国广东省,并很快在人工繁殖方面获得成功,迅速赢得众多养殖者的青睐,现在其养殖范围已扩大到我国大部分地区。在自然变异的基础上,经过多年的人工选育,革胡子鲇在我国各地也形成了一些不同的品系。

革胡子鲇可适应各种水体,   因此深得养殖者的欢

长江常见鲇形目种类——南方大口鲇

63

北方常见的引进鲇鱼——斑点叉尾鲴

心。如各地的池塘、水泥池,甚至水族箱等,都有革胡子鲇的一席之地。并且,革胡子鲇对住宿条件要求不高,哪怕是挤在一起翻身都困难了,它也不在乎。所以,革胡子鲇往往被高密度饲养,放养量比其他鱼类高出几倍。再加上"野蛮生长"——生长速度为本地胡子鲇的5倍,所以革胡子鲇反客为主,迅速成为炙手可热的养殖新贵。在我国南方,革胡子鲇每年可养2~3季,在池塘条件下,经4~5个月饲养,当年鱼苗一般可长到0.5千克,最大个体可达2千克以上,亩产可达5000千克。上年越冬的鱼种,普遍可长到1千克,最大个体可达4千克以上。现在,数量庞大的革胡子鲇已经取代了那些稀少的野生种类,并促使

革胡子鲇成为养殖新贵

特色烤鱼

整个高端大气上档次的鲇鱼群体，飞入寻常百姓家。

得"吃货"心者得天下，这些年，在餐饮行业，由于特色烤鱼、乌江鱼等吃法的盛行，革胡子鲇以其肉多、细嫩、无细刺的特点，更是悄无声息地深入"吃货"们的心，得到了他们的大力推崇。试想一下：麻辣鲜香、口味浓郁，红彤彤、火辣辣的一大盘摆在面前，是不是让你胃口大开？在我国南方地区的自由市场上，常常能够看见革胡子鲇的出售。它们黑灰色的身体常挤在一个装水不多的鱼缸中，买卖双方都便利：卖方便于照看、减少暂养的水电，买方便于挑选购买。人工饲养的革胡子鲇，出售时规格差不多一样大，都是大约1千克重，30～40厘米长。

随着养殖规模的扩大，革胡子鲇不可避免地会由于各种原因流落到天然水域中。在这种情况下，一些其他物种会由于异地环境的不同，无法适应而自然死亡，但革胡子鲇却落地即生根，它主动进攻和捕获食物，忍受环境中的污染、缺氧等问题，所以很快适应了新环境，不仅生存了下来，还迅速繁衍后代，形成了自然种群。在平静的水面下，它们不显山不露水地盘踞在那里，悄悄地改变着水下世界物种的构成。

旺盛的生命力

革胡子鲇原本是一种生活在非洲尼罗河流域的野生鱼类。除了吞咽空气和摄取食物外，它很少到水面活动。由于长期栖息于黑暗、缺氧的水体底层，革

装在水不多的鱼缸中出售

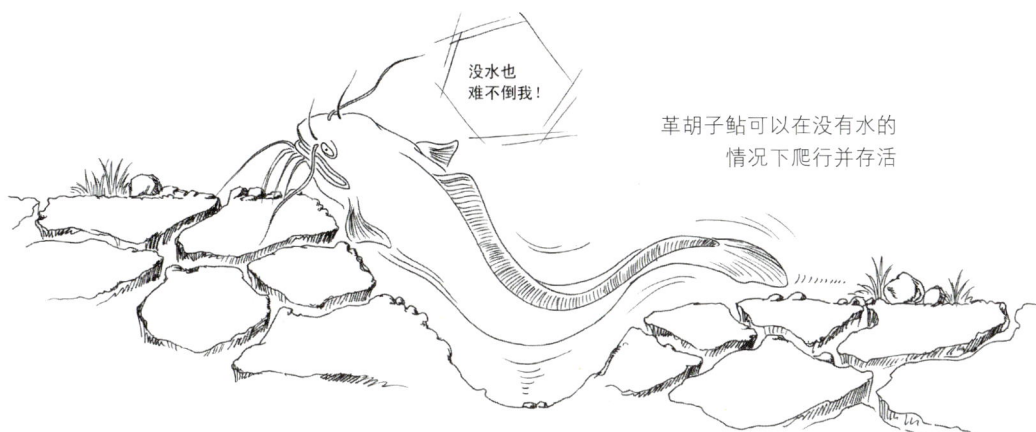

没水也难不倒我！

革胡子鲇可以在没有水的
情况下爬行并存活

胡子鲇演化出了一系列与众不同的本
领，并且在其生理结构上产生了与其生活环境相适应
的特殊机制。我们可以说它有六大技能，每一种都可以让它立于不
败之地。

第一是味觉超强。革胡子鲇长期生活在黑暗环境中，视觉大为
退化。不过，造物主对它关闭了一扇门，同时也打开了一扇窗。它的
其他感觉器官变得非常发达，特别是味觉器官对其活动、觅食十分重
要。它的味觉器官——味蕾通常不着生在舌上，而是分布于口腔、咽
喉、鳃弓黏膜和触须上皮层，以及无鳞的体表皮肤上，形成特有的体
表味觉。它的味觉有两个感觉通路：分布于体表的味蕾，形成它的外
味觉系统，控制其是否趋向食物源及是否咬食食物；分布在口腔和鳃
弓上的味蕾，形成它的内味觉系统，这个系统是判断当食物进入口腔
后，是将其吞下，还是吐出。

革胡子鲇的味蕾分布的部位不同，表面形态

革胡子鲇很容易流落到天然水域中

革胡子鲇光滑无鳞

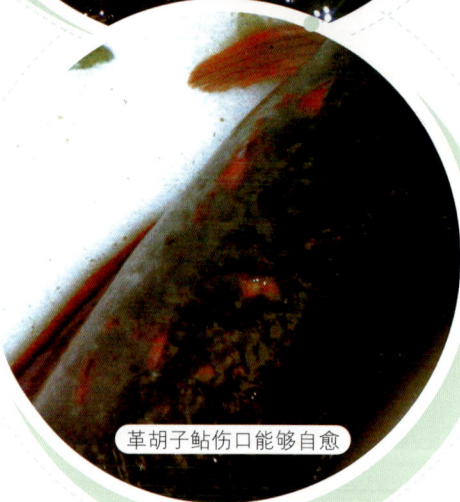
革胡子鲇伤口能够自愈

也有不同，一些味蕾除了感受味觉以外，还具有机械感觉和分泌的功能，甚至还能辨别生活环境中的各种可溶性信息物质。

第二是获取氧气的能力一流。革胡子鲇具有形似树枝状的鳃上辅助呼吸器官，能直接利用空气中的氧，所以有时会看到它们蹿出水面，直接呼吸空气。而且，它耐低氧能力很强，只要皮肤保持湿润，长时间离开水也不会死亡。

第三是具备"越野"能力。革胡子鲇的迁徙能力很强，能利用其强壮的硬棘，在地面上支撑身体爬行，越过许多障碍物，从一个水体迁移到另一个水体去寻找新的生活环境。在这一点上，它就把大部分鱼类远远地抛在了身后。

第四是有加强型防御系统。它的皮肤较厚，皮肤黏液较多，白细胞数量甚至远远高于哺乳动物等，使其免疫体系非常完善，抗病力很强，一般非致命性的伤口都能够自愈。

它的皮肤黏液含有抗菌肽，这是生物防御系统产生的一类对抗外源性病原体的肽类物质，具有广谱抗菌活性和抗病毒、抗真菌、抗寄生虫及抗肿瘤等生物活性，是其抵御外源微生物入侵的第一道防线。

第五是"维稳"应急措施到位。革胡子鲇新陈代谢的能力很强，而且能调节水、电解质、酸碱平衡以及内分泌的稳定等。这是它适应在有大量有机质和腐殖质的水体底层生存的最佳机制。

第六是生育机制优化。革胡子鲇的性腺发育属非同步多次产卵类型，繁殖能力很强，性成熟为10～12月龄。一般一年可繁殖3～4次。它的繁殖季节为4～9月，繁殖盛期为5～7月。繁殖适宜水温为22～32℃，最佳为27～32℃。低于20℃或高于32℃时，产卵活动受抑制，18℃以下基本不产卵。体重0.25～0.5千克的雌鱼产卵量为1.5万～6.5万粒，体重0.75～1.25千克的雌鱼产卵量为11.3万～17.8万粒。亲鱼发情后，就在池边水草处产卵、授精。它的卵子具黏性，附着于水草上，在水温30℃时，受精卵孵化出膜约需20小时。

不过，革胡子鲇也有弱点，它怕强光，特别是由于它属于热带、亚热带鱼类，耐低温能力差，当水温降到8～10℃时会造成冻伤，感染水霉病；当降到7℃以下时，就会死亡。因此，革胡子鲇在人工养殖条件下，越冬期间水温至少要保持在13℃以上。

尽管如此，革胡子鲇仍然表现出了强大的生命力。它是一种以动物性饵料为主的杂食性鱼类，食量大，日食量为自身体重的5%～8%，最大可达15%以

斑点叉尾鮰

水生昆虫

孑孓

小鱼

革胡子鲇

上。当水温升到15℃以上时，它就开始正常摄食，温度在20～35℃时摄食旺盛。一般5～9月为摄食盛期，此时生长速度最快。

在天然水体中，革胡子鲇鱼苗主要摄食轮虫、水蚤、孑孓、枝角类、桡足类等，完全靠捕食获得营养。随着它的身体逐渐长大，适口的对象也由小变大，以捕食较大型的枝角类为主，在枝角类不足时，也采食水中的有机碎屑、水生昆虫、蠕虫等。成鱼阶段主要捕食水体中的蠕虫、水生昆虫、底栖动物、小鱼、小虾及动物尸体、有机碎屑、植物的嫩茎叶等。在人工饲养条件下，可投喂禽畜的血、内脏、鱼粉、蚕蛹、螺蚬肉、蚯蚓、蝇蛆等动物性饲料；也可投喂米糠、花生饼、麦麸、豆饼和玉米粉等植物性饲料。如果投饲过量，它就会产生摄食过多而胀死的现象。显然，革胡子鲇是个"贪吃鬼"，而且永远做

鱼饲料

不了"饿死鬼"——因为它的耐饥能力太强了，鱼种或亲鱼在人工越冬期间，4～5个月不投饲也不会饿死。不过，由于它的性情较凶猛，攻击性非常强，甚至发生种内的相互残杀。当食物不足时，它们之间就会追逐打斗，相互残食，个别个体会被撕咬只剩下骨骼，真是惨不忍睹。

有趣的是，鉴于革胡子鲇所具有的旺盛的生命力，经济管理学界还流传着一个著名的理论——"鲇鱼效应"，指的是将鲇鱼放在运输沙丁鱼的容器里，沙丁鱼为了躲避它的吞食，就会加速游动，从而避免了因窒息而死亡的危险。不过，沙丁鱼是海水鱼，而鲇鱼绝大部分是淡水鱼，它不可能在紧张、狭窄的容器中去追捕沙丁鱼，这一点就连"典故"的发源地——挪威的渔民都不知所云。因此，这个"鲇鱼效应"不太可能是渔民的发现，更有可能是经济管理学者为了公司的管理工作而杜撰的。

强烈的入侵性

在野外环境下，革胡子鲇极强的生命力会表现出非常强烈的入侵性，现已在我国南方很多天然水域中形成自然种群，成为具有潜在生态危害的外来入侵物种。在生态系统中，由于它与本地土著的胡子鲇具有相似的生态位，因此首先造成了胡子鲇的生存空间被挤压，最终可能会将其赶尽杀绝。科学家发现，同为40日龄的革胡子鲇幼鱼和胡子鲇幼鱼存在着捕食关系，前者可捕食后者；而同样规格大小、体长均为10厘米左右的两种幼鱼，则表现为竞争关系，但是在竞争中革胡子鲇幼鱼表现出明显的优势，其捕食能力更强，生长速度更

外来物种入侵的危害

外来物种成功入侵后，会压制或排挤本地物种，形成单一优势种群，危及本地物种的生存，导致生物多样性的丧失，破坏当地环境、自然景观及生态系统，威胁农林业生产和交通业、旅游业等，危害人体健康，给人类的经济、文化、社会等方面造成严重损失。

快。进一步的研究表明，革胡子鲇不仅对本地胡子鲇的生存空间具有极强的侵略性，在饵料不足、温度较高时，它们甚至会将本地胡子鲇的幼鱼吞食或咬伤致残。

因此，在养殖过程中，做好它的防逃工作十分必要。针对革胡子鲇抢水能力较强的特点，进、排水口都要有拦鱼挡网设施，防止它们逃逸。如果它们逃到野外，即使在一般鱼类不能生存的低氧、浅水或受到污染的水域中，甚至在充满强碱性刺激物的化粪池等处，革胡子鲇也能生存。本文开头的故事，就是一个典型例子。据熟悉情况的人士分析，该楼房的第一任房主有吃塘角鱼的习惯，他很可能把一些塘角鱼临时养在了卫生间的水池里，让他万万没有想到的是，竟有两条不安分的鱼趁着夜色，顺着排水管道，溜到了化粪池里。到了夜晚，它们便在这"地道"里舒展筋骨，自由活动，它们发出的声音便顺着排水管道传到了楼上。于是，怪声出现了，而所谓的"鬼魅"也出现了。

抛开这个"惊悚"的故事，我们一定要注意，革胡子鲇造成的更大的危机还是在自然环境中。

如果江河的水流没有停歇，始终如一地流淌，翻过大山、越过平原，走过乡村、穿过城市，可能没有多少人会去注意，水下的鱼类世界那些无声的变化。这些大的、小的鱼是如何在这条江河中生活

养殖革胡子鲇的工具

72

有谁注意过水下鱼类的变化?

的? 什么鱼消失了,又有什么鱼出现了? 没有人能够看到。就是由于这种疏忽,一些外来入侵的物种,趁机扎下根,赶走了土著物种,形成一个个自然种群,并长期生活下去,慢慢地成为这些江河中的新主人。

(杨静)

深度阅读

李家乐,董志国. 2007. 中国外来水生动植物. 1-178. 上海科学技术出版社.

王迪,吴军,窦寅等. 2008. 江苏水产养殖鱼类外来物种调查及其生物入侵风险初探. 江西农业学报,20(11): 99-102.

徐海根,强胜. 2011. 中国外来入侵生物. 1-684. 科学出版社.

五爪金龙

Ipomoea cairica (L.) Sweet

五爪金龙的远距离传播主要靠人为引种,要想阻止它进一步入侵,就要尽量避免随意引种,引种后也要对它多加监管,不给它提供"大展拳脚"的机会。要合理地使用和管理它,让它在美化环境方面发挥更大的作用,同时尽量降低它给其他植物带来的负面影响。

擅长缠绕攀援

龙是我们中华民族的图腾,至今约有8000年的历史,我们中国人自古就自称为龙的传人。在中华古代神话传说中,龙是神异动物,是行云布雨的使者。传说龙能大能小,能升能隐,大则兴云吐雾,小则隐介藏形,升则飞腾于太空之间,隐则潜伏于波涛之内。在电视剧《西游记》中,东海龙王敖广可谓神通广大,穿梭在天地之间,掌管着行云布雨的大权。孙悟空虽然法力高强,但在遇到困难时还得多次求龙王相助。

清乾隆青花矾红龙生九子纹盘

那么,现实中有没有龙这种动物呢?没有。它是人们把9种动物合而为一创造出来的动物形象,为了显示出它至高无上的权威,人们除了赋予它气势磅礴的龙头外,又为它设定了四个龙足,每个足上长有锋利的爪。除此之外,还为它设计了华丽的龙鳞。其中全身布满金色龙鳞、足上长有五个利爪的龙被称作是五爪金龙。五爪金龙代表了最高的权力与威信,在封建时代只有皇帝的随身物品和衣服上能够绘制"五爪金龙"的形象。

上面介绍的是我国传统文化中的五爪金龙。现在提到五爪金龙这个名字,人们就会发现一个很有趣的现象:它不仅代表了一种动物,还代表了一种植物。那就先说说这种名叫五爪金龙的动物吧!它的中文名称也叫作巨蜥,是国家Ⅰ级重点保护野生动物。巨蜥是我国蜥蜴中最大的一种,它的体长可超过2米,最大的曾有2.7米的记录。它身被黑黄相间的鳞片,四肢粗壮,长有五个

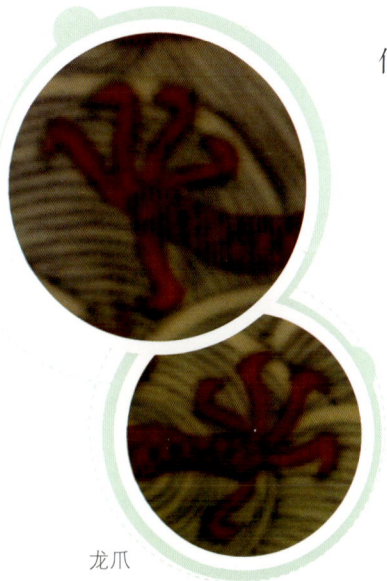
龙爪

利爪,因此很形象地被称
为五爪金龙。

植物界的五爪金
龙*Ipomoea cairica*(L.)
Sweet指的是一种多年生的草
质藤本植物,隶属于旋花科番薯
属。番薯属的学名*Ipomoea*源于
希腊文ips(虫)与homoios(相似的),就是指它能
像虫子一样蠕动,用这个词来表示出它具有缠绕攀
援的习性。番薯属是旋花科中物种最多的属,全
世界大约有500种,大多叫作牵牛花。该属植
物遍布于世界上的热带和亚热带地区,大部分
是一年生或多年生的蔓性植物。它的种加词
*cairica*来自于Cairo,是"开罗"的意思。种加词
用地理名词主要说明的是植物的产地。显然,
最先采到这种植物的地点是埃及的开罗,位
于非洲。

五爪金龙还有许多的中文异名,如
番仔藤、掌叶牵牛、五爪龙、上竹龙、牵
牛藤、黑牵牛、假土瓜藤等。它的英文
俗名也有很多。拥有众多的中英文名
称,反映出这种植物分布比较广泛,人
们比较熟悉它,经常能够见到它,因
此根据它的各种不同的特征赋予了
它众多的称谓。

五爪金龙是多年生的缠绕
草本,全株无毛。它的根系非
常庞大,老根上具数量很
多的块根。作为缠绕攀
援的植物,它的茎柔软

动物界中的五爪
金龙——巨蜥

植物界中的五爪金龙

77

五爪金龙的茎

五爪金龙攀爬树木并垂挂下来

而细长,有细小的棱,茎的表面有时长出一些小疙瘩(小疣状突起)。幼时茎为青绿色,颜色随着生长加深至灰绿色或暗紫色,后期变成灰白色。茎顶芽表现无限生长趋势,可随伴生树木攀爬至高点,最长可达30米以上。它的分枝能力强,每一节都具备分枝的能力,可不断产生分枝。茎往往在幼时就二至三根相互紧密缠绕,并进行攀爬,因此茎攀爬到高处后,后期可见大量垂挂的茎,这些垂挂茎又可成为其他幼茎缠绕的条件,从而导致密集度增加。

五爪金龙的叶子

五爪金龙之所以有这样一个名字,除了它的茎蜿蜒细长,好像一条长龙在支撑物上游走以外,还与它的叶形有非常重要的关系。"五爪"这两个字就是从叶子的特征得来的。它的叶子用植物学术语来描述就是掌状裂,像手掌一样裂成五部分,5深裂或全裂,就像是巨龙张开的五个利爪一样。裂片卵状披针形、卵形或椭圆形,而这五个裂片的大小也大不相同。中裂片较大,长5厘米,宽2.5厘米,两侧裂片稍小,顶端有小短尖头,全缘或不规则微波状,基部1对裂片有时再2裂,这样表面上好像叶片有7裂,实际上只有5深裂,还是五爪而不是七爪;它的叶柄比较长,达2～8厘米。

花从叶腋中生出,花序梗和叶柄长度相似,长2～8厘米。有一朵花单生的,也有2～3朵花组成聚伞花序的,有时也会出现3朵以上的花序,只是比较少见;花的苞片像鳞片的形状,早期就脱落了;花萼的萼片分成2层排列,外面的一层称为外萼片,共有2片,比内萼片短,卵形,外面有时有小疣状突起,内萼片稍宽,

单生的花

萼片边缘非常薄,像一层薄薄的膜;
绚烂、亮丽、惹人注目的当属它那一个个像小喇叭一样的花冠了!它的花冠不是分成一个个独立的花瓣,而是整个联合在一起,形成了一个漏斗状的花筒。花冠的颜色也不是单一的,通常看到较多的花是紫红色、紫色或淡红色的,偶尔还能看到白色的,在绿色叶片的映

聚伞花序

衬下,显得格外清新亮丽,给人耳目一新的感觉。大喇叭花冠能有7厘米长,长在一个纤细的花梗上,随风摇曳,真像许多的铃铛随风起舞一样;雄蕊不等长;子房无毛,花柱纤细而长于雄蕊,柱头2球形。它的果实是蒴果,长成一个圆球的形状,成熟时可以裂开,裂成4瓣,每一瓣又分成上下2室。种子成熟时是黑色的,边缘被褐色柔毛。

神通广大

五爪金龙的中文名字叫得霸气响亮,有一种象征着古代帝王的尊贵气势的感觉,然而,这种多年生藤本杂草,并不是我国的本土植物。它来到我国的历史仅有百年。那么,它究竟是来自何方、如何而来呢?该种的原产地究竟在何处,目前竟没有确定的答案。植物学家最初对这种植物命名时,采用的模式是欧洲1683年一本古籍中根据产自埃及的植物画的一幅图，而不是一份植物标本。当然，这在植物命名上是合法的，这幅图就是这个植物的模式。这幅图画的是产自埃及的植物，就有人提出它的原产地是埃及，在非洲，这种说法似乎是有事实依据的。但有的学者认为它起源于亚洲热带地区，还有学者认为该种源于美洲。各方都有自己的证据，据理力争，却也否定不了对方，至今还没有达成共识。

不管起源自哪里，对我国来说，它就是一种外来植物，就目前它所造成的影响来讲，它属于外来入侵植物，这是毋庸置疑的事实。在我国，关于它最早的记载是1912年，该种当时已在香港归化，在香港的野外能采到它的标本。至于它如何得以来到香港，当然不会是偷渡过去的，因为它的种子要靠自身传播的话只能在小范围内进行，无法进行远距离的扩散。能实现远距离传播甚至是远渡重洋主要靠的是它漂亮的"外貌"。它可以作观赏植物，也可以用来绿化环境，为了这些目的，人们竞相引

香港

93

五爪金龙覆盖乔木

进它,通过播种种子和引进苗木等方式,它就从原产地开始了"环球之旅",得以到达世界上很多国家和地区。大约是20世纪70年代,它在我国南方地区庭院普遍栽培。可是,这个"野心勃勃"的五爪金龙怎么会安于小小的"池塘"呢?它想遨游九天、驰骋江海。于是,在人们疏于管理的情况下,它从人们的眼皮底下"逃之夭夭",寻找到了野外的广阔天地,开始显露出它的"侵略本性"。目前五爪金龙在我国福建、广东、广西、云南、台湾等地广泛分布蔓延,覆盖小乔木、灌木和草本植物,在地面上阻挡它们接触阳光,在地下与它们争夺水分和无机盐,阻碍它们的生长和生存,成为园林、农业中的一种害草。在我国南方它是与"植物杀手"薇甘菊相提并论的入侵杂草,威力真是不容小觑!

五爪金龙如今无论生长在哪里,都能成为那里的主宰,旺盛的生命力不禁让人们叹为观止。能产生如此大的影响力,究竟它有何"法力"和"神通"呢?且看下面对它进行的详细剖析。

作为一种外来植物,五爪金龙可以终年绽放出美丽的花朵,单凭这一点就非常符合人们选择观赏植物的标准。人们往往只关注到它带来美好的感受,而没有考虑到它的"霸道"——让别的本地植物无法正常生长。它繁育后代的能力很强,有完全不同的两套机制。在土壤肥沃、水分充足的条件下以营养繁殖为主,而在贫瘠干旱的条件下则以开花结实的有性繁殖为主。五爪金龙是个"自交不亲和"的

84

五爪金龙覆盖灌木和草本植物

植物，也就是说，它的一朵花中雄蕊产生的花粉落到同一朵花雌蕊的柱头上时，不能完成受精产生种子，只有在不同花之间授粉才能结果。它那艳丽夺目的大喇叭花，自然会引来昆虫为其授粉。它的花绽放的时间仅为一天，雄蕊和雌蕊的成熟时间还不相同，虽然它的开花量众多，但这个特性对它的结实量还是会有影响。开花结实后，黑色的种子随着球形蒴果的开裂而散落到周围生境中，然而它又面临着新的问题，那就是种子萌发困难，这是由于种皮太坚硬的原因造成的。而这样的低萌发率恰好能有效地避开人工杂草的管理工作，使得种子在土壤保持的时间较长，能更长时间地吸收水分，促进种皮的软化，提高有性繁殖的效率。

通过有性繁殖来扩大势力范围和繁衍子孙的方式对五爪金龙来讲，效率并不是特别高，聪明如它，自不会"孤注一掷"，仅靠一种方式来与同类和环境抗争。营养繁殖就是它用来弥补有性繁殖

"植物杀手"薇甘菊

85

路旁的五爪金龙

　　效率低的非常见效的一种方式。当五爪金龙身边有支撑物时,它会缠绕在支撑物上,进行攀援生长,就好像一条巨龙缠绕在一根柱子上一样,借助支撑物向上生长,但这种生长方式不容易进行营养繁殖。在无支持物的情况下,五爪金龙以匍匐生长扩散方式为主。在匍匐生长过程中,匍匐茎节间处可长出不定根,不定根慢慢会长出侧根并深入土壤为植株吸收营养和水分。节间产生不定根向下生长的同时,又向上长出新枝,新枝慢慢长大就又形成了一个新的植株。五爪金龙在慢慢向前爬行的同时,一批批新的植株在不断地产生,即使只有一棵植株经过匍匐生长后,都可以长成一个庞大的家族。它们蓄势待发,等待着灌木、小乔木或是其他可以攀爬的物体的出现,一旦遇到,攀援的特性马上展现出来,又会像蛟龙一样缠绕着支撑物一路蜿蜒向前。

　　超强的营养繁殖能力是五爪金龙得以快速扩大种群的方式之一。茎的快速生长又能保证它进一步的繁荣茂盛。成熟植株的茎每天最多可以延长11.9厘米,生长速度还是非常惊人的。不仅地上茎生长迅速,地下根也很庞大,在与其他植物竞争时,能吸收到更多的水分和营养来提供给地上茎。地下与地上部分配合默契、相得益彰，才会出现枝条蔓布、百花争艳的繁荣景象。另外，它对各种环境因子的适应幅度宽广，当光线、温度、水分、肥力和污染等条件对植物的生长都很不利的情况时，它的抗逆性就会得到很好的体现。它能"排除万难"，在逆境中努力生长，比在相同环境中的其他植物更好地适应逆境，得以生存下来。自然界就是存在着这样残酷的生存竞争，"适者生存"，不适者就会被无情地淘汰，这是自然界的任何物种都要面对的、无法逃避的宿命。只有具备适应各种环境的能力，才能保证自己更好地生存下来。

综上所述，五爪金龙就是个擅长全方位作战的老手：身边一旦有了支撑物，便能很好地利用起来，通过攀爬占领制高点，叶片在空中向四面八方伸展，尽可能地吸收阳光，以便产生更多的能量供其生长，从而进行空中作战；在身边没有支撑物，没有空中作战条件时，转而匍匐前进，进行陆地战，并且在陆地战中不断培植新生力量；更重要的是，它们还能打"地道战"，庞大的地下根系疯狂地从土壤中吸收养分，为地上部队提供了源源不断的后勤补给。从这一点上看，它是一个多么"聪明"的植物啊！

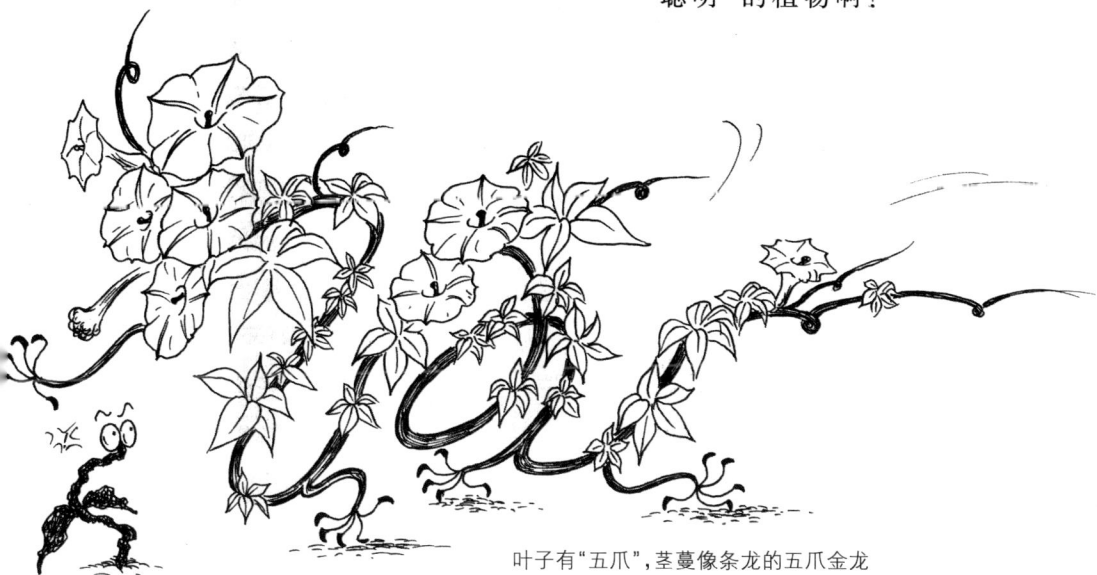

叶子有"五爪"，茎蔓像条龙的五爪金龙

攀援在建筑物上的五爪金龙

植物的"绿色坟墓"——五爪金龙

　　但对于生长在它周围的伴生植物来讲，它的生长方式绝对是"损人利己"。它给伴生植物带来了很多的困扰和影响，这种影响有时甚至是致命的。五爪金龙用它的身躯缠绕、覆盖在其伴生植物之上，地下部分的根与伴生植物进行水分和营养物质的争夺，而地上部分的叶片又与伴生植物竞争阳光，减缓其光合作用，进而影响伴生植物无法得到足够的能量供机体生长及繁殖，最后因缺水缺营养而枯死。生长在它周围的伴生植物，不仅做了它向上爬的支撑物，还被霸占了阳光和水分，整个被它覆盖住，不见天日，就像被它活活地埋葬了一样，形成一个绿色的坟墓，于是五爪金龙在植物战争中又获得了一个很另类的称号——植物的"绿色坟墓"。

　　五爪金龙"成就自己、限制他人"的战术，除了以上提到的有效繁殖方式和完全覆盖住对方、不给伴生植物"喘息"的空间外，还有许多入侵植物都有的撒手锏——化感作用，这成为它"披荆斩棘、开拓疆土"的"利器"。五爪金龙具有明显的化感抑制潜力,不同部位的化感潜力存在较大的差异,抑制作用最强的是茎尖,成熟叶、茎、落叶、腐解茎、不定根呈依次减弱的趋势。五爪金龙利用茎尖、叶片和茎缠绕、攀爬在其他植物体上,而茎尖作为五爪金龙入侵的"先锋队",最先寻找到目标植物,并能分泌出最多的化感物质,来抑制攀爬植物和邻近植物的生长,为自身的生存及蔓延创造了有利条件。不仅正在生长的植物器官能分泌化感物质,五爪金龙的凋零物仍然具有化感效应,也就是说凋零花叶的化感物质并不会因为离开植株而消失,而是转移战场,从地上转入地下继续发挥余热,打另一种形式的"地道战"或"化学战"。五爪金龙的生长速度不能用一日千里来形容,却也达到一日12厘米之多,生长如此迅速,凋落物的量也大。这些凋落物并不是说对植物本身就没用了,它依然坚守着自己的本分,"落红不是无情物,化作春泥更护花"。大部分的凋落花叶,先是夹杂在地上密集的枝叶间枯烂腐解,通过淋溶及腐蚀向环境释放大量的化感物质,抑制土壤微生物和邻近植物的种子萌发及生长,这样就能为自身的生长创造良好的条件;这些凋落花叶腐解后能增加土壤有机质,

凋零的花叶在地下展开"地道战",抑制周边植物的生长

危害红树林的五爪金龙

化作有机肥料,从而更进一步促进五爪金龙自身的生长。这是个"精打细算的家伙",所有的一切一点都不浪费,怎能不让人感叹它的"高明"呢!

戴上"金花帽"

五爪金龙被称为植物的"绿色坟墓",像"终结者"一样霸道,对农林业的生产都带来了极大的危害,常在路旁、林缘、河岸滩涂等地形成单一种群,破坏生物多样性。对待这个引入的观赏植物,防止它的肆意扩散显得尤为重要。

五爪金龙的远距离传播主要靠人为引种,要想阻止它入侵到更大的范围,就要尽量避免随意引种,引种后也要对它多加监管,不给它提供"大展拳脚"的机会。对已经造成危害的情况,采用人工处理的方法是最有效的,"亡羊补牢,未为晚矣",但也不能没有计划地随意进行。因为五爪金龙进入营养生长期时根系发达,采用人工割除的办法应在其开花未结实时进行,这样既可以防止结出新的种子,又可以阻止再发新枝;与地面相连的茎上可能长有不定根,这些茎一定不能遗漏,不然它会再次发芽长出新的植株呢!

采用化学方法防止五爪金龙的蔓延扩散,必须依据五爪金龙的具体生长环境而选择不同的药物,如2,4-D丁酯、恶草灵、毒莠定等。虽然化学除草剂效果迅速,但具有杀草谱广、杀生性强、费用高的缺点,而且往往只能够杀除地上部分,难以清除地下部分,因此防治效果难以持久。化学方法能抑制它的进一步蔓延,人工拔除则可以更好地消除,两者相结合才能事半功倍。

对于五爪金龙,人们真是又爱又恨,爱的是它那婀娜的"身姿"、艳丽的花朵,恨的是它给农林业生产或生物多样性造成的破坏。不管如何,有一点是肯定的:要合理地使用和管理它,让它在美化环境方面发挥更大的作用,尽量降低它给其他植物带来的负面影响! 就像是给它戴上孙悟空的"金花帽"一样,要让它受到紧箍咒的制约。

知识点

归化种

归化种是指原来不见于本地,而是由于环境变迁或通过人为活动从外地或外国传入或侵入的物种,在不依靠直接的人为干预或者即使在人为干预下,它们能够通过种子或者无性繁殖体,包括分蘖、球茎、鳞茎、根系片段等持续繁殖并维持种群超过一个生命周期。当归化种进入一个新的地区并能存活、繁殖、形成野生归化种群后,其种群进一步扩散,已经或即将造成明显的生态、经济和社会后果时,就形成了外来物种入侵。

(毕海燕)

深度阅读

赵则海,廖周瑜,彭少麟. 2007. 五爪金龙不同部位化感作用可塑性变化. 生态环境, 16(4): 1244-1248.

林淳,刘国坤. 2008. 外来入侵植物五爪金龙(*Ipomoea cairica*)的研究进展. 亚热带农业研究, 4(3): 177-180.

万方浩,彭德良. 2010. 生物入侵:预警篇. 1-757. 科学出版社.

徐海根,强胜. 2011. 中国外来入侵生物. 1-684. 科学出版社.

万方浩,谢丙炎. 2011. 入侵生物学. 1-515. 科学出版社.

美洲斑潜蝇

Liriomyza sativae Blanchard

由于美洲斑潜蝇发生世代重叠现象严重,抗药性强,防治上有一定难度。许多研究表明,光靠化学农药防治,不仅不能有效地控制其为害,而且由于农药大量杀伤天敌,反而让美洲斑潜蝇更加猖獗。在对它的防治方面只有"多管齐下"才能取得比较理想的效果。

菜豆

"六亲不认"的"老乡"

16世纪,我国引进了菜豆,它迅速"占领"我们的餐桌,成为常见的蔬菜之一。无论单独清炒,还是和肉类同炖,抑或是焯熟凉拌,都很符合大多数人的口味。菜豆在我国南北方均可广为种植,其大多数品种对日照的长短要求不严格,四季都能栽培,故有"四季豆"之称。此外,由于我国地域辽阔,各地对它的叫法又有架豆、芸豆、刀豆、扁豆、玉豆、去豆、云藕豆、白肾豆等诸多不同。

400多年之后,菜豆的一个"老乡"却追随着菜豆的脚步"不

让我们去中国找"老乡"吧。

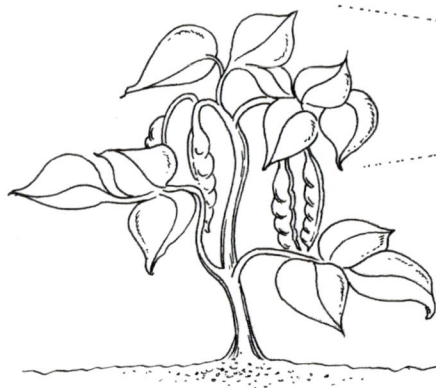

菜豆和美洲斑潜蝇先后
从它们的原产地阿根廷
来到我国

请自来"。哪里有菜豆，哪里就有这个"老乡"。人们常说"老乡见老乡，两眼泪汪汪"，可是菜豆的这个"老乡"却一点也不念"乡情"，处处为害菜豆，真可谓："老乡见老乡，背后打黑枪！"

　　菜豆的原产地是南美洲的阿根廷等地，它的这个"老乡"大名叫作美洲斑潜蝇 *Liriomyza sativae* Blanchard，是1938年在阿根廷的紫苜蓿上首次发现并命名的。

　　美洲斑潜蝇是一种分布广泛，严重为害豆科、葫芦科、茄科、十字花科和菊科等植物叶子的多食性害虫，所以菜豆遭到了它下的"黑手"。它以雌成虫和幼虫为害各种寄主植物，而幼虫潜食寄主叶片是其主要的为害形式。此外，美洲斑潜蝇还传播病害，特别是传播多种植物病毒病，降低蔬菜的食用价值以及花卉的观赏价值。它是世界上最为严重和危险的外来入侵物种之一，对农业生产造成了极大的危害，因此上了许多国家和地区的"黑名单"，被列为重要的检疫对象。

　　不过，美洲斑潜蝇入侵具有来势猛、扩展快、暴发为害重等特点，仍然显得势不可当。目前，它已经扩散至北美洲、南美洲、大洋洲、非洲和亚洲等40多个国家和地区。在我国，除了1988年台湾省有过它发生的报道外，1993年海南省三亚市也发现了美洲斑潜蝇为害，次年它又迅速入侵了四川、重庆、广东、江西等8个省市。1995年是美洲斑潜蝇在我国传播速度最快的一年，入侵了河北、北京、辽宁等12个省市。而到了1998年，我国大陆所有的省份均已遭到了美洲斑潜蝇的入侵。

黄金上午

　　美洲斑潜蝇在分类学上隶属于双翅目潜蝇科斑潜蝇属，成虫为浅灰黑色，胸背板亮黑色，腹面黄色；卵为米色，半透明；幼虫蛆状，初孵无色，后渐变为浅橙

美洲斑潜蝇成虫

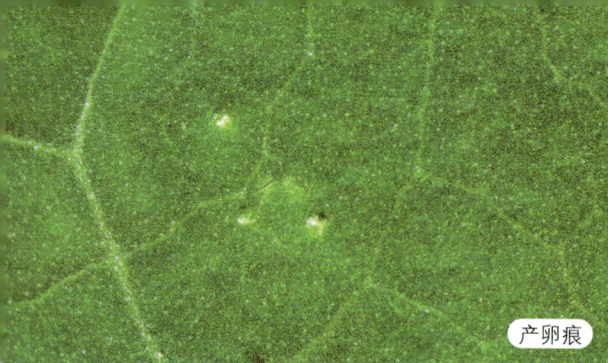
产卵痕

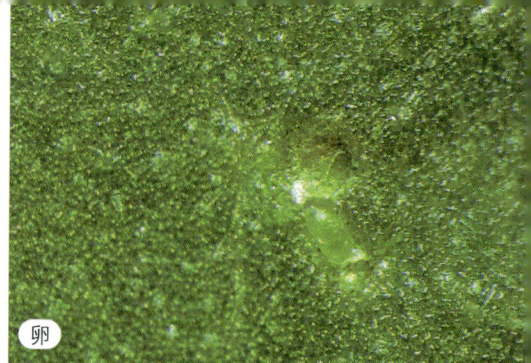
卵

初孵幼虫

老熟幼虫

蛹

蛹

美洲斑潜蝇的一生

蛹和成虫

成虫

98

黄色至橙黄色;蛹为椭圆形,腹面稍扁平,橙黄色。

对于美洲斑潜蝇来说,上午的时间是极其宝贵的。

美洲斑潜蝇成虫集中在白天7:00～14:00羽化。它们的羽化过程并不总是一帆风顺的,也具有一定危险性。羽化前的蛹的外形,已经具有深色的复眼、翅、足和已分化的其他器官;羽化时,虫体从腹部末端的气孔吸进气体,自腹部向前呈波浪式涌进额囊,借助额囊内气体的张力撑开蛹壳一角,然后靠额囊的不断收缩和身体的扭动及足的推力,将身体带出。这个过程充满了艰辛,有些成虫会因为力竭而死亡。新羽化的成虫除复眼、触角、足的胫节与腿节为浅褐色外,其余皆为鲜黄色,翅未完全展开而紧贴虫体,显得十分脆弱。这时,它们就表现出了很强的趋光性,需要先爬到有光的地方静伏20分钟左右,然后才能舒展虫体并硬化着色。成虫常停留或活动于叶片正面,而很少蛰伏在叶片背面。在树木荫蔽的菜地,太阳透过树叶散射照到的蔬菜上的成虫数量,比其他蔬菜上的数量要多得多。即使在太阳暴晒的正午,成虫也不会躲避阳光,仍然频繁活动。在阳光照耀下,成虫的翅可产生多彩的金属光泽。雌虫比雄虫体形略大,但雄虫先于雌虫羽化,雌、雄的性比接近1∶1,以雌虫略高。

美洲斑潜蝇的求偶、交配,也多发生在上午。雄虫虫体充分硬化着色后,便开始到处爬行、飞动,抓紧一切时间寻找并追逐异性。不过,在"猴急"的雄虫面前,雌虫表现得不为所动,只是偶而爬动和飞行。当遇到"心仪"的雌虫时,雄虫表现兴奋,会用前足抱握雌虫中胸,中足抱握腹部,后足平压雌虫的翅膀,双翅盖于雌虫体上,腹部向下弯曲连接雌虫外生殖器,开始交配。交配初期雌虫保持静止不动,到交配后期,雌虫开始不断爬动,以摆脱雄虫,大约经过1分钟后,雌虫挣脱雄虫离去。交配时间多在上午,地点多选择于背光处。在交配时,如果雄虫遇到竞争对手,会伸展双翅以示威胁和抗议,直至对手离去为止。上午还是雌虫产卵的黄金时间。美洲斑潜蝇成虫取食多种蔬菜和花卉,主要目标是上午阳光直射到的幼嫩、多汁的植株上部叶片。同时,雌成虫还会将卵产于寄主植物的表皮下。它用产卵器刺破叶片,如果腹部从一边转向另一边,就会产生一个扇形的刺破点，从而形成取食点，用于取食；如果腹部没有转向运动，则产生管形的刺伤点，即为产卵点，卵即产于管形刺伤点中。这里要说一下，雄成虫是典型"吃软饭"的，因为它不能刺伤叶片，只能在雌虫造成的叶片伤口上取食。

　　雌成虫以产卵器刺入叶片形成的取食孔、产卵孔等，均对植物造成一定的伤害。特别是在较幼嫩的叶片上形成刻点后，随着叶片的进一步展开，刻痕也会不断扩大。有些寄主植物还产生相应的生理反应，表现为刻点周围隆起肿胀等，高温时在刻点处易形成坏死斑。

在叶片中"挖地道"

　　美洲斑潜蝇的卵很小，我们用肉眼看不见。产卵孔要比取食孔小一些，每孔通常有1粒卵，散产于叶面的表皮下，而这也是它们在叶片中进行"地道战"的开始。美洲斑潜蝇似乎很聪明，它在植株上部的功能叶片上产卵较多，老叶产卵较少。雌虫多选在豆类、瓜类、茄果类等喜食的寄主作物上产卵，在缺少这些作物时，也可产在其他作物上。临近孵化时，卵变长，且为褐色，孵化的幼虫凭借自身的蠕动和口钩的力量破卵而出，并开始取食。

叶片下的卵

挑开叶片后露出的卵

豇豆叶片上的灰白色潜道

潜道内有黑色的虫粪

油麦菜上的潜道

潜道由窄变宽

美洲斑潜蝇在叶片上"挖地道"

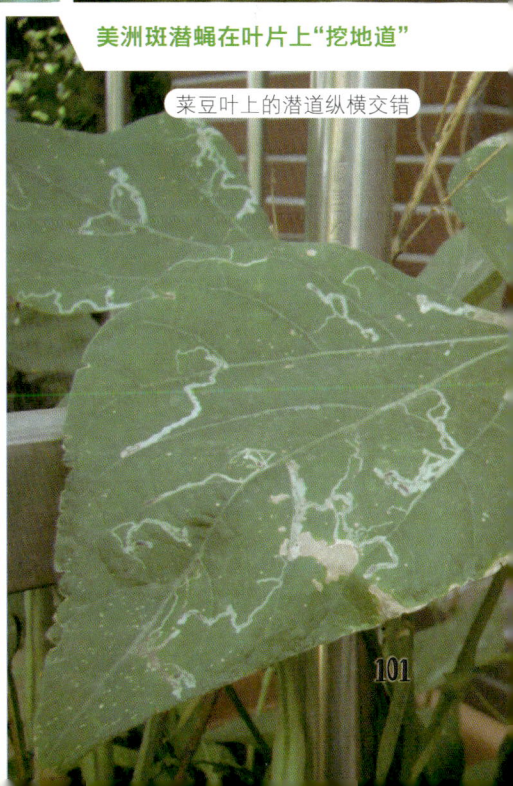
菜豆叶上的潜道纵横交错

初孵幼虫身体透明,鲜黄色,老熟幼虫体长约3毫米。幼虫孵化后,就开始在叶片中"挖地道"了。幼虫在叶片中隐蔽取食,边吃边走,只留下寄主植物白色上表皮,从而形成典型的弯弯曲曲的蛇形灰白色潜道,并逐渐变成茶褐色,潜道中间有交替排列整齐的黑色虫粪。多数情况下是叶的正面受害,背面为害症状不明显。1龄幼虫取食量小,造成的潜道细而短,随着龄期的增加潜道逐渐加宽。但由前一龄变为下一龄时,潜道有一个突然变宽的界线。幼虫共3龄,全部在叶片的"地道"中发育,不易区分龄期,但可根据潜道突然变宽的界线判断龄期。

幼虫临近蜕皮时,隐约可见口钩上的齿增多,即开始形成新口钩;蜕皮时幼虫停止取食,虫体蠕动,蜕下的皮被遗弃在一边,而进入下一龄的幼虫由于虫体长大、食量大增,所以潜道就会突然变宽。当幼虫密度大时,叶片上潜道密布、纵横交错。叶片受害后,光合作用受阻,光合产物减少,导致叶片失绿、干枯、脱落,甚至使受害作物提早拉架。

出"地道"的时刻到了。通常还是在上午,老龄幼虫会停止前进,在原地边潜食边转动,形成一个潜食斑,当找到适当的突破口时,它依靠虫体蠕动时的体液压力,将寄主叶表皮撕开一个口,先钻出头部,随后借虫体蠕动脱离潜道,此时有一部分幼虫会因力竭而亡。这时的虫体微黏湿,不停地滚动,甚至具有弹跳性,在土表面或叶背凹陷处定位。如果在叶面上,大约2~5分钟后,其头部向上,末端粘于叶面竖立不动,然后虫体表面渐渐干燥,硬化收缩,最后不再粘于叶上,即化成蛹,可随叶片摇动而自然滚动,而且其体色由初出潜道的淡橙黄色变为深橘红色。

美洲斑潜蝇的"算盘"打得很细:它的虫口密度高峰期发生在冬春季节低温时,夏季高温时虫口密度下降。为什么会这样呢?冬春季节瓜菜数量和种类丰富,可以为美洲斑潜蝇提供丰富的食物;再加上低温环境下死亡率降低,所以有利于其虫口的增长。美洲斑潜蝇在中国南方可终年发生,无越冬现象;虽然在北方地区露地自然条件下不能越冬,但它可在温室内越冬。美洲斑潜蝇一年发生代数随地域而不同，一般1年发生14～17代，世代重叠，夏季完成一个世代仅需15～30天。在15～35℃条件下，即使无任何食料时，成虫也可存活2～4天，但当食料充足时，雌虫可存活5～20天，雄虫则仅存活3～11天。

美洲斑潜蝇成虫虽然具有一定的飞翔能力，但它并不靠这点"本领"来进行扩散，而是喜欢"搭便车"：它的卵及幼虫分布于寄主叶片上，蛹可粘在寄主叶片、茎蔓及包装材料或其他运输工具上，随着它们四处"旅行"。随着现代交通设施的进步，美洲斑潜蝇可人为地在很短时间内传播到很远的地方。此外，美洲斑潜蝇幼虫也有很多坠落于地表化蛹，在表土上常积累有大量的蛹，因此这些蛹也可随着地块间表土的取用而扩散。

"孙猴子"智斗"铁扇公主"

其实，美洲斑潜蝇在它的原产地是一类为害不严重、发生密度低的昆虫，在自然界并未达到需要人为控制的水平，这主要是因为原产地存在着丰富的寄生性天敌。但是，随着杀虫剂的广泛使用，美洲斑潜蝇的自然天敌种群受到抑制，加之美洲斑潜蝇具有高繁殖力、生活隐蔽（潜叶为害）、世代短、世代重叠、易产生抗药性等特点，才导致了它在世界各地的大发生。

从20世纪80年代开始，人们应用寄生蜂来防治美洲斑潜蝇取得了较大的成功，也受到了普遍关注，给美洲斑

叶片内即将化蛹的老熟幼虫

把叶片撕开一个口子

钻出一半的老熟幼虫

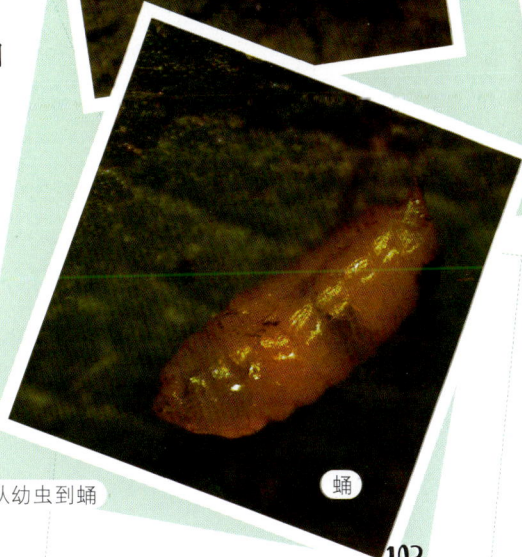
从幼虫到蛹　　　　　蛹

潜蝇的防控带来了希望。美洲斑潜蝇的寄生性天敌与其相斗，就像《西游记》里的孙猴子智斗铁扇公主一样：钻到美洲斑潜蝇的肚子里折腾，最后斗垮对方。目前已知的美洲斑潜蝇寄生性天敌有90多种，主要是隶属于姬小蜂科、茧蜂科、金小蜂科、瘿小蜂科的种类。我国已知有姬小蜂科24种，茧蜂科6种，金小蜂科6种，瘿小蜂科2种。

不同国家和地区，受地理条件、作物布局、寄生蜂种类差异等影响，其寄生性天敌数量也会有差异。例如，我国长江以南地区美洲斑潜蝇的天敌主要有底比斯釉姬小蜂和芙新姬小蜂，华北地区是芙新姬小蜂、底比斯釉姬小蜂和冈崎新姬小蜂，西北地区是西伯利亚离颚茧蜂一马当先，东北地区是豌豆潜蝇姬小蜂、芙新姬小蜂和底比斯釉姬小蜂联合作战。

不过，美洲斑潜蝇的寄生性天敌即使结盟，也不是大军全体出动，而是分阶段行动。比如战火"烧到"广州后，底比斯釉姬小蜂会在2～5月打头阵，芙新姬小蜂在5～10月发起攻势，冈崎新姬小蜂则在9～10月出兵讨伐。

在美洲斑潜蝇的寄生性天敌中，芙新姬小蜂战功卓著。但由于它的体形太小以及寄生性比较隐蔽等特点，常被人们所忽视。芙新

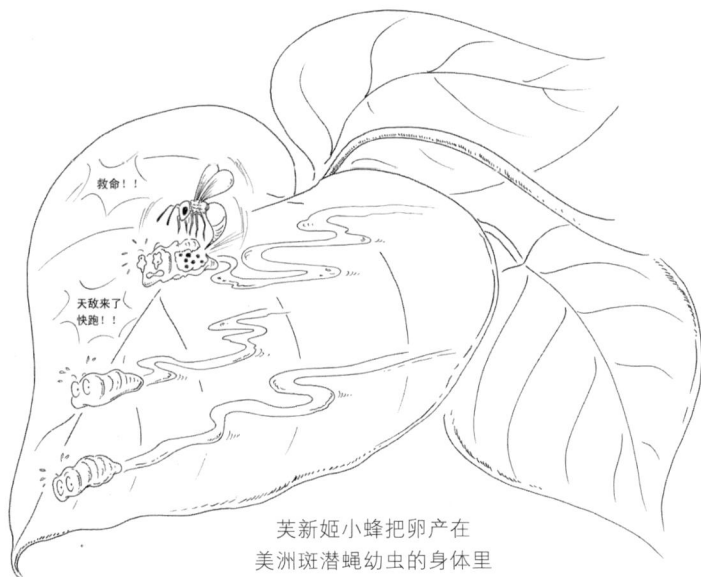

芙新姬小蜂把卵产在
美洲斑潜蝇幼虫的身体里

姬小蜂成虫喜欢在菜豆植株上部活动,尤其在美洲斑潜蝇虫道多的叶片正、反面活动频繁。雌蜂找到美洲斑潜蝇的"地道"后,触角不停地触及虫道,并沿其虫道向前不停搜索,直至找到地道中的主人为止。当叶片上没有适合的幼虫虫道时,雌蜂将爬离或飞离叶片。大多数雌蜂在菜豆叶背搜索虫道,一片叶背可见2~5头成虫,而叶正面1~2头。雌蜂发现寄主幼虫后,从头至尾部,再由尾至头部徘徊2~3个来回,用触角不停地敲打寄主,对其进行检验,决定是否产卵。当雌蜂选中寄主幼虫后,用产卵器蜇刺植物叶表皮,直达"地道"中的虫体,刺入时腹末向腹面弯曲呈弓形,身体与叶片成约50°角倾斜。一次蜇刺时间一般为3~10秒,个别长达1分钟。每头寄主幼虫被蜇刺的斑痕为3~8个。

雌蜂产卵很挑剔,对寄主龄期有严格的选择。美洲斑潜蝇幼虫2龄末或3龄初时,体内脂肪体呈颗粒状、饱满,因此芙新姬小蜂喜欢选择它来产卵,占产卵量的80%以上。初孵的幼虫寄生在美洲斑潜蝇幼虫体内的脂肪体上,取食其营养物质,直至老熟。羽化后再去寻找新的寄主,产卵寄生,周而复始,从而能够控制美洲斑潜蝇的为害。

另外,甘蓝潜蝇茧蜂也是让美洲斑潜蝇胆战心惊的"斗士"。美洲斑潜蝇寄主植物产生的挥发性化学信息素,对甘蓝潜蝇茧蜂具

美洲斑潜蝇的寄主——菜豆

有强烈的吸引力。甘蓝潜蝇茧蜂到达适当生境后，在植物叶片附近来回飞行，并时常停留在植物叶片上以触角探查叶片上的受伤组织，如果没有发现美洲斑潜蝇留下的潜道，就再另行寻找。如果发现潜道，它就会像芙新姬小蜂一样，将卵产在美洲斑潜蝇幼虫体内，使自己始终立于不败之地。

多管齐下

美洲斑潜蝇发生世代重叠现象严重，抗药性强，防治上有一定难度，对蔬菜的产量与品质易造成严重影响。许多研究表明，新农药防治美洲斑潜蝇的有效期最多只能维持3年，光靠化学农药防治，不仅不能有效地控制其为害，而且由于农药大量杀伤天敌，破坏了天敌与害虫的自然平衡，反而让美洲斑潜蝇获得了更理想的生存环境。单一防治方法效果差，只有"多管齐下"才能取得比较理想的效果。

美洲斑潜蝇是一种广食性的害虫，豆科植物中的菜豆是其最嗜好的寄主，此外还有黄瓜、西葫芦、甜瓜、丝瓜、南瓜、番茄、茄子、白菜等。由于幼虫移动性差，终生只能在成虫所产的叶片的"地道"内蛀食，所以成虫的产卵行为决定了幼虫的生存环境和食料，而寄主植物叶片表皮毛的长度和密度、叶绿素的含量(表现在叶片颜色的深浅上)、总糖含量、蛋白质含量等，会影响美洲斑潜蝇的选择。

例如，美洲斑潜蝇对菜豆具有偏嗜性，在多种寄主同时种植的时候偏向选择为害菜豆，而且在长期取食菜豆后，表现出一定程度的嗅觉系统专化。因此，可设置引诱作物集中诱集其取食或产卵，然后采取集中杀灭的办法，往往能起到降低害虫密度，减少目标作物危害程度的效果，这在害虫的可持续性控制中具有重要的实践意义。比如在植物与昆虫的协同进化关系中，植物的挥发性物质与昆虫之间建立了密切的联系，昆虫可以借此找到适合自己的寄主植物，也可以因此而远离不适合自己取食的植物。植物的挥发油是昆虫取食、产卵活动的向导，这种导向作用是昆虫与植物在亿万年来不断协调和进化的结果。在自然界中，华南毛蕨上很少有昆虫活动的迹象，其

黄瓜

茄子

白菜

菜豆

南瓜

菜豆

丝瓜

美洲斑潜蝇的寄主植物

植物挥发的酚类物质被普遍认为具有杀菌、杀虫的作用。华南毛蕨挥发油对美洲斑潜蝇的拒食和产卵驱避作用，随着施用量的增加而增大。这类挥发性物质直接施用田间，其发挥的作用是有限的，如

外来入侵物种主要表现在"三强"。

一是生态适应能力强，辐射范围广，有很强的抗逆性。有的能以某种方式适应干旱、低温、污染等不利条件，一旦条件适合就开始大量滋生。

二是繁殖能力强，能够产生大量的后代或种子，或世代短，特别是能通过无性繁殖或孤雌生殖等方式，在不利条件下产生大量后代。

三是传播能力强，有适合通过媒介传播的种子或繁殖体，能够迅速大量传播。有的植物种子非常小，可以随风和流水传播到很远的地方；有的种子可以通过鸟类和其他动物远距离传播；有的物种因外观美丽或具有经济价值，而常常被人类有意地传播；有的物种则与人类的生活和工作关系紧密，很容易通过人类活动被无意传播。

果将其制成缓释剂，延长其对害虫的控制时间，将是一条有效的途径。

黄杜鹃是著名的有毒植物，其叶大而密被柔毛。作为一种高效杀虫植物，黄杜鹃提取物很早就已被用作农药来防治多种重要农林、卫生害虫。黄杜鹃花提取物对美洲斑潜蝇成虫具有明显的取食忌避作用，不仅可直接应用于防治美洲斑潜蝇，还可将其提取物与其他常用农药混用，以降低化学农药的使用量，延长有效期，降低作物受害程度，提高防治效果。

含羞草、马缨丹、飞机草是著名的外来入侵植物，但是它们对美洲斑潜蝇种群有很好的干扰作用。其中马缨丹挥发油对美洲斑潜蝇的产卵、取食行为的影响很大，它对成虫的驱避和拒食作用都随挥发油施用量的增加而增加。

美洲斑潜蝇还有一个弱点，就是蛹期不耐高温，35℃以上气温对其蛹的羽化率有明显抑制作用。因此，在夏秋季节，利用设施闲置期，采用密闭大棚、温室的措施，选晴天高温闷棚一个星期左右，使设施内最高气温达60～70℃，就可以杀死害虫。在室外菜园内，可采取覆盖塑料薄膜，深翻土，再覆盖塑料薄膜的方式，使其地温超过60℃以上，从而达到高温杀虫的效果。

此外，黄板诱杀和采用农业栽培措施对它也具有较好的控制

马缨丹　　　　飞机草　　含羞草

作用。

在美洲斑潜蝇的综合防治中,将上述有效措施有机地组合起来,才能大幅度地减少杀虫剂的用量,充分保护和发挥天敌的作用,实现对美洲斑潜蝇的持续控制。

(杨红珍)

深度阅读

秦厚国,叶正襄. 2002. 美洲斑潜蝇研究. 1-185. 江西科学技术出版社.

万方浩,郑小波,郭建英. 2005. 重要农林外来入侵物种的生物学与控制. 1-820. 科学出版社.

苏晓丹,李学军等. 2008. 寄生蜂对美洲斑潜蝇的控害作用研究进展. 辽宁农业科学, 2008(6): 32-34.

成卫宁,李修炼等. 2004. 美洲斑潜蝇发生与防治研究进展. 西北农林科技大学学报(自然科学版), 32(增刊): 78-82.

张国良,曹坳程,付卫东. 2010. 农业重大外来入侵生物应急防控技术指南. 1-780. 科学出版社.

麝 鼠

Ondatra zibethicus L.

麝鼠食性杂、繁殖力强, 在人类活动范围内产生的巨大危害不可忽视。即使麝鼠的经济价值再高, 经济地位再重要, 也要在人类可以控制的范围内饲养和利用, 绝不能让其在自然生态圈恣意扩大种群规模, 以免使生态系统失去平衡。

热播的清宫戏《甄嬛传》，虽然有点背离真实历史，但是因为高潮迭起的剧情，还是不断在各家电视台轮流"回放"，并引起诸多热议。其中，母以子贵是后宫的"王道"，立储是宫斗中永恒的焦点，而麝香则成了这些争斗中最强有力的"帮凶"。

在电视剧中，无论是皇帝还是后妃"小主"们，都喜欢使用麝香致对方不孕或流产，以便达到权力的制衡。她们有时将麝香埋在寝宫树下，有时制成香料在香炉中点燃，或直接混入外用药中使用。例如，华妃深爱皇帝多年，至死才知道皇帝和太后为了防备她的家族势力过强，在她专用的"欢宜香"中添加了大量麝香，致使其终身不孕；敬妃因与华妃同住一年，也受到了"欢宜香"的影响，丧失生育能力；而安陵容欲害甄嬛，假意殷勤地献上含有大量麝香的"舒痕胶"，让她每日涂抹于伤口上，使甄嬛最终难逃流产的命运；祺嫔一直不能怀孕，其秘密在于她身上戴着的一串麝香珠，此乃皇后所赐……麝香扮演了如此重要的角色，看得人们不由得深信其神奇的作用。

事实上，麝香虽然是一种十分名贵的中药材，临床上广泛用于跌打损伤，气滞血瘀所致的心肌梗死、高热神昏等，古代也用于死胎、胞衣不下等，但长期接触麝香使人终身不孕则属于夸大的说法，似乎有点儿不太靠谱。

麝与麝香(囊)

那么，麝香是从哪里来的呢？它是麝的身上所分泌的一种物质。麝是一类像小鹿一样的哺乳动物，但在进化的过程中比鹿更为原始，至今仍然保持着较为原始的身体结构，在分类学上隶属于哺乳纲偶蹄目麝科麝属。

尽管麝类在我国的分布区比较广泛，但人们对它们的了解却远不如对麝香的熟悉程度。麝香作为一种名贵的中药材，在我国已经有2000多年的历史。汉朝的《神农本草经》、明朝的《本草纲目》等诸多本草药典均将麝香列为药材中的珍品，认为它能通诸窍、开经络、透肌骨，主治风痰、伤寒、瘟疫、暑湿、燥火、气滞、疮伤、眼疾等多种疾病。此外，麝香作为香料也有着悠久的历史和传统，位列四大动物香料（麝香、灵猫香、河狸香、龙涎香）之首。据说，我国在东汉时期便开始使用麝香。最初，它仅仅被用于梳妆和熏香衣物，到了唐、宋时期，民间已盛行将麝香作为化妆品和赋香剂。古代文人、诗人、画家都喜欢在上等墨汁中加少许麝香，制成"麝墨"，写字、作画芳香清幽，若将字画封妥，可长期保存，防腐防蛀。麝香香味浓厚，浓郁芳馥，经久不散，扩散性和诱发力极强，与玫瑰、茉莉花精油一起驰名世界。无论是东方还是西方，人们一直对它有极大兴趣。

龙涎香

麝香（囊）

　　我国自古就是麝香的主要生产国。然而，由于从前世世代代都采用杀麝取香的方法，致使野生麝类资源越来越少，以致在海拔较低的山地已很少见到麝的踪迹，尤其是北方的原麝，已经在新疆、河北等地消失。如果不对麝类加以保护，它们就会有灭绝的危险。因此，我国在《国家重点保护野生动物名录》中将麝从国家Ⅱ级重点保护野生动物提升为Ⅰ级。

　　尽管我国在加强对野生麝类保护的同时，也采取了很多先进的技术手段，如人工养麝并采取"捅槽取香""手术取香""等压法"等活体取香的方法，以及进行人工合成麝香的实验等，但麝香仍然处于供不应求的状态。在国际市场上，麝香的价格非常昂贵，大约为黄金价格的6～8倍。由于人工合成的麝香仅有天然麝香中的很少几种成分，而且是由化工原料合成，无法与天然麝香相比，因此，很多人为了解决麝香的供求矛盾在努力探索，寻求麝香的替代品就是其中一个思路。近些年，人们把目光渐渐落在了一种也能产"麝香"的"麝香鼠"身上。

113

有趣的"麝香"鼠

在沼泽、湖泊、河渠、苇塘及河流岸边，人们有时可以看到一种"硕鼠"。它身体肥胖，小脑袋扁平，脖子短、眼睛小，小耳朵隐于长被毛之中，耳孔有长毛堵塞。它的嘴钝圆，有胡须。上下颌各有一对长而锐利的门牙，呈浅黄色或深黄色，露于唇外。由于它喜欢生活在水边，而且善于游泳，大家常叫它水老鼠、水耗子，也有"沼泽松鼠"的昵称。它的正式名字叫麝鼠*Ondatra zibethicus* L.。

麝鼠是隶属于啮齿目仓鼠科田鼠亚科麝鼠属的一种动物，它是麝鼠属中的唯一成员，也是田鼠亚科中体形最大的一种。成年的麝鼠体重约为450～1100克，体长约为25～40厘米，并有一条约20～25厘米长的、稍有些侧扁的强壮尾巴，上面有鳞质的片皮和稀疏的棕黑杂毛。它们的身躯被一层厚的、防水性很强的毛皮所覆盖，背部是

麝鼠的门牙

麝鼠的爪

麝鼠的尾巴

棕黑色或栗黄色，腹面棕灰色。它们的四肢短，爪锐利，后爪之间有半个蹼，并有硬毛，小小的前爪在它们站立的时候常像人手一样张开，十分有趣。

俗话说："龙生龙，凤生凤，老鼠的孩子会打洞。"麝鼠也不例外，它们会挖地道似的洞穴。麝鼠是水陆两栖动物，活动时大多在水中，居住和繁殖在洞穴里。洞穴内部就像那种复杂的地道一样，由洞道、盲洞、贮粮仓、巢室等部分组成，巢室又分为夏巢、冬巢两种。洞口多位于水面下，随着水位变动而变动。少数位于水面上的洞口，常用泥草堵塞。洞穴分布于河、湖、沼的岸边，有的在浅水的芦苇丛和香蒲丛中，也有的在水漂筏甸了上，多数是由水生植物的根、茎、叶堆积成的。在沼泽地带，麝鼠会用香蒲和泥来建造它们的巢穴。住在海狸鼠巢穴里的麝鼠也很常见。

麝鼠是以植食性为主的杂食性动物，平时喜食水生植物的幼芽、枝、叶、果实及鲜嫩的块根、块茎等，也食陆生的野果、野菜（包括其根系），栽培的作物、蔬菜，木本类植物等。在植物性食物不足或缺乏时，它也可以拿小型动物，如河蚌、田螺、蛙和小鱼等来充饥，打打"牙祭"。

麝鼠出洞时往往一次性大量采集食物，贮藏在洞道的"粮仓"

小鱼

田螺

蛙

麝鼠的部分动物性食物

里。贮仓内一般是十分清洁干燥的,所以贮存的食物不易腐烂变质,可以存放很长时间。麝鼠体形小,食量也不大,一般日采食量相当于其体重的40%～50%,即平均每只每天吃0.25～0.5千克植物性食物就够了。夏天相对吃得多一些,冬天少些。

麝鼠善于游泳和潜水,在水中活动灵活自如,每分钟可游30多米,每次可游数百米。水下潜泳觅食时每隔1～2分钟将头伸出水面换气1次。遇到敌害时,它还可潜入水底长达3～5分钟不露出水面。潜水时间最长达15分钟。这个本领得益于其外形看上去好像阿拉伯数字7的鼻孔,它能让麝鼠吸入自己刚呼出的气体中的剩余氧气。麝鼠皮毛的防水性能特别突出,它水淋淋地爬上岸来,只要用力一抖,身上便光洁起来,就像未曾着水一般。

麝鼠的活动以取食为主,活动地点和活动时间及往返路线多数是比较固定的,连其采食、排便甚至游泳的路线都比较固定。麝鼠主要在黎明、黄昏和夜间活动,但由于较为肥胖,四肢短小,因此其活动半径,尤其是陆地上的活动半径受到一定限制,一般在水面上的活动半径较大些,直线活动区域一般不超过150～200米,活动面积不超过1000平方米。麝鼠同它的其他鼠类兄弟们一样,门牙生长很快,啃

一雌一雄家族式繁殖

硬质物品来磨牙是正常现象,否则门牙容易勾回口腔内,日久便会因不能吃食而饿死。

麝鼠的嗅觉和视觉差,但听觉灵敏,稍有风吹草动便会警惕地向四周张望,并迅速回洞或潜水隐蔽,受惊时会发出急促的"喀喀喀"声。但麝鼠易被善于伪装,或行动更为敏捷的猎手捕捉。它们的天敌通常是鼬、狐狸、狼、猞猁及大型鸦类等。

麝鼠是季节性多次发情的多胎次动物,多为一雄一雌家族式繁殖后代,繁殖能力很强,在产仔后2~3天即可以进行再度交配。在繁殖季节里,它们甚至可以达到每月1胎的繁殖能力。

麝鼠的繁殖季节为4~9月。雄麝鼠在这个期间发情是连续性的,而雌麝鼠的发情具有周期性,其周期大约为12~14天。发情的雄麝鼠经常发出"哽、哽"的叫声,还不时地追逐雌麝鼠。雌麝鼠发情时很温顺,有时发出与雄麝鼠相似的叫声。当两者相遇,

麝鼠需要常磨门牙

猞猁

狐狸

鸮
狼

麝鼠的天敌

气味相投,便互相蹭鼻端,表示亲昵,到了同时进出的阶段,说明它们已经配对成功。此时,雌麝鼠乐于接受交配,否则雌麝鼠会反咬雄麝鼠或者逃避。麝鼠的交配大多在水中进行,交配时发出"啪啪啪"声,雄麝鼠用前肢抱住雌麝鼠的身体,后肢频频抖动,一般几秒种到1分钟便可完成,也有少数的麝鼠在岸上进行交配。

雌麝鼠的妊娠期为25～29天,妊娠前期无明显的形态变化,在怀孕20多天后,雌麝鼠腹部才明显增大。这一时期,它常卧于洞内休息,很少外出活动,并不断将窝内的干草撕成细软丝状或碎屑状。雄麝鼠一边向洞内运送窝草,一边用草把走廊通向运动场的门堵严,显得十分兴奋、忙碌,这也意味着雌麝鼠即将临产。产仔前3～10天,雌麝鼠就不让雄麝鼠与其同居,它们便分开居住。雌麝鼠一般每胎产6～9只幼仔,多的可达16只。雌麝鼠产仔后7天左右不出门,所需食物由雄麝鼠不断供给。在雌麝鼠哺乳期间,雄麝鼠经常出入洞口为雌麝鼠和幼仔搬运食物。不过,也有个别懒惰的雄麝鼠不再护理"产妇"。这样,雌麝鼠只好在吃完产前自备的食物之后,再外出寻找。

刚出生的幼仔们两眼紧闭,无视力,体表无毛,皮肤裸露,呈粉红色,背面较腹面色深,约10日龄后才能全部睁开眼睛。初生时它们的体重为10克左右。3～5日龄后生出细毛,5日龄左右长出门齿,7日龄可长出长毛。10日龄前都以吃母乳为主,18日龄以后就能自己采食嫩绿草了,但也有的幼仔在20日龄后仍旧吃奶。22天以后,它们已经能下水游泳、相互打斗了。到了30日,它们便可以独立生活。

雌麝鼠在哺乳期间护仔意识十分强烈,而雄麝鼠的进攻性也很强。如遇敌害骚扰,幼仔便叼住雌麝鼠的乳头或伏在其背上跟随其一起逃逸。但有的雌麝鼠也会长时间不照管幼仔,若遇较大的惊扰,它们还会将幼仔吃掉。

麝鼠一般在4～7月龄即可达到性成熟,因此,在早春出生的幼仔,到当年秋季就能繁殖。麝鼠的寿命为4～5年,最长可达6年。

用途广泛的麝鼠

与麝类一样,麝鼠的奇特之处,也正是在于雄麝鼠能产"麝香"——特称为"麝鼠香"。雄麝鼠也有一对特殊的香腺,位于阴茎两侧、下腹部的腹肌与皮肤之间,左右各一,呈对称

麝鼠夫妻

麝鼠毛皮

状。香腺尾端连接排香管，开口于阴茎包皮内侧。麝鼠的香腺呈扁椭圆形，整个腺体由香囊和香腺两部分组成：香囊表面为一层薄膜，布满毛细血管，囊体呈海绵状，囊内形成许多不规则的腺泡，内存油状黏液，即麝香原液。在繁殖季节，腺体分泌乳黄色油性黏液，具有浓郁的香味，而在非繁殖季节，香腺收缩变小，没有分泌物产生。进入繁殖期后，香腺开始发育，分泌麝鼠香，其功能主要是用来在它们已占据的领地警告其他麝鼠，以避免食物和配偶的竞争，另外就是通过香味传递兴奋信息引诱雌麝鼠发情。

目前，不仅天然麝香的使用已经受到了严格的限制，而且前面提到的四大动物香料资源均已近于枯竭。在这种形势下，麝鼠香的开发利用就显得十分必要了，它也堂而皇之地取得了"第五大动物香料"的头衔。

科学家通过大量实验证实，麝鼠香的成分与药理活性和麝香的确有很多相似之处，如具有抗炎、降低血压等药理活性，在促进儿童生长、抗衰老和治疗中风后遗症等方面也有一定的应用，因此具备麝香的替代品的可能。

麝鼠香还具有天然动物香料的化学基础，并具有香味柔和、留香持久、香气纯正的特点，可以利用其作为调制高档香水、膏、霜的定香剂。它还能加工成名贵的动物香料的精油，给动物香料业增加新的活力，对世界动物香料业的发展发挥一定的作用。

麝鼠还有一身好皮毛。它的毛皮又名青根貂皮。毛皮底

麝香囊

麝香囊

120

绒丰厚，针锋光亮，皮板结实、坚韧、耐磨而轻柔。麝鼠皮可制成裘皮大衣、皮帽、皮领、皮手套等，穿着轻盈、艳丽、美观大方，其最大的优点是有特殊的分水功能，防寒保暖性能好。

此外，麝鼠肉质细嫩、味鲜，蛋白质含量高、脂肪低。麝鼠的油脂可用来制皂、制革以及制作餐具的涂料、燃料和油漆工业的附加剂等。

在这样的背景下，麝鼠作为经济动物被广泛养殖就是顺理成章的事情了。

饲养麝鼠并不太难。它们对温度、湿度要求不十分严格，既可以在我国寒冷的东北、干旱的西北地区生存繁衍，也可以在南方多湿温暖，甚至高温炎热的地区落户。

经人工驯化后，麝鼠的食性更为复杂多样。人工饲养可喂各种水、陆植物及各种蔬菜、瓜果，如芦苇、菖蒲、水草、荷花、水葱、水冬青、稗草、车前子、婆婆丁，柳树、榆树的幼芽及鲜嫩的根、茎、叶以及白菜、甘兰、胡萝卜、红萝卜、南瓜、土豆、甜菜、红薯及各种水果皮等。精饲料可喂给小杂鱼和鱼粉、河蚌、河虾、糠麸、豆饼、玉米粉、红薯粉等。

开疆拓土

麝鼠并不是我国土生土长的动物。它的原产地是在遥远的北美洲，包括阿拉斯加、加拿大、美国的大部分地区以及墨西哥北部等地，所以麝鼠香又称美国麝香。

1905年，欧洲首先出现了5只麝鼠，由捷克斯洛伐克布拉格附近的一个农庄主饲养。后来它们从农庄中逃了出来，开始扩散繁殖，并不断与从其他

初加工后的麝鼠皮

饲养圈舍

林下的笼养模式

途径来到欧洲并逃逸的麝鼠混合在一起,在50年左右的时间里便占据了整个欧洲大陆。现在,欧洲已有数百万只麝鼠。在麝鼠的分布区扩展过程中人类起了推波助澜的作用。人们为了发展麝鼠皮毛业而引种,人工饲养的麝鼠在逃逸后逐渐形成了野外种群。它在欧洲的分布范围是以一个均匀的速度向外扩张的,但由于地理和环境条件的限制,它的扩张不完全是一个同心圆的形式,而是更趋于在东南和西北方向扩散,其中麝鼠从布拉格向西扩散的速度是10.3千米/年,而向东南方向的扩散速度是25.4千米/年。

让我们先来看一下麝鼠向西北方向的扩散情况。1922年,芬兰有200多只从捷克斯洛伐克引入的麝鼠,然而现在,每年的麝鼠捕获量高达10万~24万只。但是,在英国的不列颠群岛,情况却完全相反。人们在麝鼠完全占据河流和池塘之前,在几年内就成功地消灭了所有入侵的麝鼠,以至于过去在任何时候生活在英国的麝鼠总数从未超过几千只。这些麝鼠也是从英伦三岛的毛皮养殖场中逃出来的。

不过,在英国清除麝鼠的过程中,人们也付出了误杀当地野生动物的代价,造成了一定的损失。例如,在苏格兰的河流附近,在利用放置在水边的捕鼠夹捕杀了945只麝鼠的同时,也误捕了5783只其他种类的野生动物,其中包括2178只苏格兰雷鸟。

再来看一下麝鼠向东南方向的扩散情况。1927年,有些人看到了它们华丽的皮毛就如同碰上了百年不遇的商机,禁不住垂涎三尺,便私自带上一批麝鼠进入苏联境内,引入到有许多河流分布的西伯利亚、俄罗斯北部地区和哈萨克地区。

入侵我国新疆的麝鼠,就是源于1936～1945年苏联放养于伊犁河三角洲的巴尔哈什和阿拉木图地区的麝鼠种群。20世纪50年代初,许多麝鼠从苏联的养殖场逃逸,沿着伊犁河、塔克斯河、额尔齐斯河,以及黑龙江、乌苏里江流域分别从西北和东北两个方向入侵到我国境内。1953年,我国首次在伊犁河附近发现麝鼠。1955年和1957年我国又先后在黑龙江的呼玛和兴凯湖发现了麝鼠的踪迹,而新疆的麝鼠也开始遥相呼应地沿着伊犁河、塔克斯河、额尔齐斯河进入我国腹地。从动物地理学的角度看,在半个世纪的时间跨度内,麝鼠从一个纯粹的北美洲物种,迅速演变成了欧亚大陆的物种。

注重平衡

由于发现了麝鼠的经济效益,我国于1957年开始,从新疆捕捉7000余只活麝鼠作为种源,先后在黑龙江、吉林、河北、湖北、新疆、青海、山东等地引种散放饲养,并且在西北、内蒙

雷鸟

南瓜

白菜

荷花

胡萝卜

麝鼠的部分食物

古等地形成具一定储量的麝鼠毛皮生产基地。由于麝鼠在我国从一开始就大量采用散放的方式饲养,因而在很多地方都已经形成野生种群。麝鼠栖息地水位的变化常常导致麝鼠迁移,有时随水流可以迁移到很远的地方。

自从迁到我国"定居"以来,麝鼠便凭借自己环境适应性强的天然禀赋,不断地在我们华夏大地上发展壮大自己的势力,它们的子孙后代已经实现了在西北、东北、华北、华中、华南和华东地区各地的游历。它们凭借自身生命力的极端旺盛、在新环境中天敌较少等得天独厚的条件,大范围地霸占了条件优越的湖沼和河道。它们在这些地方打洞筑巢,进行疯狂的实力拓展训练,明目张胆地向人类下了挑战书,无论是"独立兵团"还是"合作团队",均给人类生活地区的农业生产造成了严重破坏。尤其可怕的是麝鼠的游击战,它们就像一股幽灵势力一样四处扫荡,凡是遇到鲜嫩的蔬菜果实和植物块茎就坚决不放过,直到斩尽杀绝。麝鼠对水利工程也有影响,它们在河湖的堤坝上挖洞筑巢,危害防洪设施等,大大缩短了堤坝的使用年限,也使这些地区的供水系统受到了严重损坏。此外,它们还直接或间接地破坏旅游业等其他产业的发展,实属罪大恶极。

在我国著名海滨城市大连附近,还有一个以"莲城"著称的普兰店市。从这个别名上我们就知道这个城市与莲花有一定的渊源。的确,普兰店市不仅是千年古莲子的故乡,而且在该市的一张亮丽名片——莲花湾风景区就种植着大量的千年古莲。可是,近年来莲花湾却不断面临因为"水耗子"泛滥成灾而引起的大灾难。

这些大"水耗子"不仅把异常珍贵的"飞天古莲"吃掉了,也把莲花湾从南方引进的十几个名贵莲花新品种都给吃掉了,甚至连藕根都没有留下,给该风景区造成了严重的损失。麝鼠在池塘中把成熟的莲蓬头咬掉后,再拖向已挖好的洞穴,为过冬准备食物。可是因莲蓬头太大,常常被卡在洞口外面,所以景区内到处可见这些被咬掉的莲蓬漂浮在水上。

麝鼠皮毛生产加工

在莲花湾西北角生长着的一片野生菖蒲也异常凋零,这也是被麝鼠挖吃它们的根茎造成的。不仅如此,近些年莲花池中的鱼、虾等水生动物也越来越少,当然也是麝鼠们造的孽。

"水耗子"们的地道战也不容忽视。它们在岸堤上打洞筑巢,更是将莲花池糟蹋得不成样子,风景区内的路面及浮桥都有塌陷的状况,河岸两边栽种的树木有倾倒及连根翘起的现象。麝鼠喜欢将地下洞穴"连网",修建四通八达的地道网,弄得莲花池岸边处处是塌陷的坑,有的地方虽然没有坑,但随时都有塌陷的可能。如果景区将这些塌陷处全部修好,又要花一大笔的资金。

麝鼠把荷塘糟蹋得不成样子

任由这些"水耗子"发展下去，农田、水坝等都会受到破坏

　　这些"水耗子"是从哪里来的呢？据当地人分析，原来在1996年前后，周围的村庄中曾经有人饲养过麝鼠，后来由于收购成年麝鼠的商贩不来了，有的饲养户便将存圈的麝鼠释放到野外了，在莲花湾里肆虐的麝鼠就是这些被遗弃的麝鼠的后代。由于这里地势低洼，水源丰富，十分适应"水耗子"的生存，人们担心任由这些"水耗子"发展下去，农田以及水坝等设施都会受到破坏，不久就会直接危害到当地的农业生产。

荷塘

池塘、湿地是麝鼠栖息的地方

　　事实上，不只在普兰店市，我国很多地方都频繁出现这些"水耗子"的身影。它们捕食水中生活的鱼类、甲壳类、双壳类等动物，影响当地鱼类和其他水生动物的生存。此外，麝鼠对许多重要传染性疾病，如兔热病、土拉伦菌病、鼠疫、李氏杆菌病等均能感染，是这些传染病的宿主动物。

　　因此，作为外来入侵物种，麝鼠在欧洲很多国家都被视为有害的动物而加以控制，当地人甚至通过猎杀来减少它们的数量。在整个北半球，捕捉麝鼠成为一种各国竞相开展的运动。由于麝鼠的危害很大，许多国家在进行防治时保留了珍贵的历史数据，从而为控制它们的扩散提供了有用的经验。我国各地也通过实践总结了一套实用的技术。

　　活捕麝鼠，首先要进行观察。北方的河泡水库，一般冬天冻不干、夏天旱不干、有草有鱼，麝鼠容易出没。沿边巡视，主要看水边芦苇、香蒲、水葱等水草，如有非人为原因漂在水面的，就应该是麝鼠把草根吃掉，使水草浮起，因此定有麝鼠藏匿。顺着线索往下找，在岸边水面下20厘米左右处会找到它们的洞口，大多在树根草丛易隐

127

麝与麝香

现生的麝类在全世界共有7种，即原麝、林麝、喜马拉雅麝、黑麝、安徽麝、白腹麝和克什米尔麝，它们都分布于亚洲的东部，并且大部分产于我国境内。雄麝腹部下方有香腺和香囊，麝香就是由香腺部和香囊部的皮脂腺分泌的一种化合物。成熟的麝香为咖啡色，其形状多呈粉末状，有时也呈籽粒状等，具有浓厚而奇异的香味，这种香味平时是麝彼此信息联系的手段，在繁殖期间则具有吸引异性的作用。

麝香是一种名贵的中药材，很多著名的中成药都含有麝香的成分。现代临床药理研究也证明，麝香具有兴奋中枢神经、刺激心血管、促进雄性激素分泌和抗炎症等作用。此外，麝香作为香料也有着悠久的历史和传统，位列四大动物香料之首。

处。找到洞穴后，如果洞道水浑，其中必有麝鼠，而水清则不一定有麝鼠在里面。

活捉"水耗子"有不少招法。第一个是堵道法，把捕捉笼双门放在过道，当麝鼠经过时便可进笼；第二个是堵洞法，由于它的洞口随着水位的涨落而变化，即涨水往上打洞，降水则把老洞堵上，往下打洞，窝上有一个盲洞，水下有1~3个洞口，下笼具时把笼门对准洞口，并将其余洞口堵严，笼具固定后，在窝上用锹掘开，迫使它全部进笼；第三个方法是沿边捕捉法，发现有麝鼠活动后，可把笼具安放在它经常去吃水草的地方；第四个方法是水上捕法，对于一时找不到洞道的麝鼠，可用柴草扎成筏子，把笼具用绳子固定在筏子上面，系在岸边树上，然后再将筏子推到水面上，在它们经常活动的地方，晚下笼，早起笼；第五个方法是冰下捕法，冬季在冰上打眼，用筏子拖笼具放在冰眼内，再把冰眼用草和雪盖严，防止透风和冻住笼具；第六个方法是用夹子打法，但这种打法麝鼠的死亡率比较高。

麝鼠在人类活动范围内造成的巨大危害是不可忽视的。因外来物种入侵而形成生态灾难的事例，在世界各地不胜枚举。它们入侵容易，但我们要治理却很难。面对有害的外来入侵物种的任何犹豫放纵,都可能造成无可挽回的损失,尤其是麝鼠这种杂食性、繁殖力很强的外来动物,其对当地生态的危害更不容小觑。

因此,即使麝鼠的经济价值再高,经济地位再重要,也要在人类可以控制的范围内饲养和利用,绝不能让其在自然生态圈恣意扩大种群规模,以免使生态系统失去应有的平衡。

(张昌盛)

刚从水中捉出来的麝鼠

深度阅读

徐汝梅. 2004. 生物入侵——数据集成、数量分析与预警. 1-343. 科学出版社.

解焱. 2008. 生物入侵与中国生态安全. 1-696. 河北科学技术出版社.

徐海根, 强胜. 2011. 中国外来入侵生物. 1-684. 科学出版社.

万方浩, 谢丙炎. 2011. 入侵生物学. 1-515. 科学出版社.

三裂叶蟛蜞菊

Wedelia trilobata (L.) Hitchc.

有关部门在引进绿化物种时，不要只贪图花色的漂亮，也要考虑到它们对本土物种是否构成威胁，是否对本地生态系统造成破坏。对引入外来物种进行生态评价应该形成制度和法规，不少教训向人们昭示，认识滞后是造成外来物种入侵的一个重要因素。

"请"来的害草

在我国南方的深圳、广州等城市中，经常可以看到一种开着小黄花、长着像三叉戟一样的叶子的地表植物。它就是三裂叶蟛蜞菊。

在这些城市的大道旁、立交桥下、河道两岸，以及很多闲置的土地上，都可见三裂叶蟛蜞菊的影子。它们披着绿色的伪装，悄悄蚕食着一片片土地，不断扩大自己的地盘。它们的茎不断向上生长，长到一定的高度便趴下来，贴着泥土的茎再次生根发芽，成为新的植株继

深圳

续往上长，如此反复匍匐前进。原来，三裂叶蟛蜞菊是一种典型排挤本地花草的有害植物，生长速度奇快，数量呈几何级数增长，它们占地为王，乡土花草被打得望风而逃。它们密密麻麻地罩着土地，藤蔓交错，不容其他任何植物生存，曾经的茅草旺地现在已经变成了遍地开黄花的三裂叶蟛蜞菊的天下。

匍匐生长的三裂叶蟛蜞菊

道路旁的三裂叶蟛蜞菊

三裂叶蟛蜞菊*Wedelia trilobata*（L.）Hitchc.，顾名思义，它的叶片通常为三裂，而且叶片的外形有点像一种动物——蟛蜞，一种小型蟹类。三裂叶蟛蜞菊也叫南美蟛蜞菊、地锦花、穿地龙等，是隶属于菊科蟛蜞菊属的一种多年生草本植物。

三裂叶蟛蜞菊的茎叶

三裂叶蟛蜞菊茎为平卧的匍匐状,上部近直立,基部各节生出不定根,株高15～50厘米。叶对生,为椭圆形、长圆形或线形,无柄。头状花序少数,单生于枝顶或叶腋内;总苞钟形,2层,外层叶质,绿色,椭圆形,顶端钝或浑圆。舌状花1层,黄色,舌片卵状长圆形,顶端

三裂叶蟛蜞菊的花

2～3深裂。管状花较多,黄色,花冠近钟形,向上渐扩大。瘦果倒卵形,多疣状突起。几乎全年都是花期,但以夏秋季为盛。

有趣的是,三裂叶蟛蜞菊在夏季光照强烈的生境中,其叶片常常有变红的现象,首先是老叶变为红色,随之幼叶从边缘起也开始逐渐变为红色,就像"中暑"了一样,而此时植株仍然能够保持正常的生长。事实上,叶片颜色的变化主要与叶肉细胞中色素含量的变化有关,其中花色素苷是广泛存在于植物叶片细胞中的一类水溶性天然色素,能够使植物组织呈现从红到黑的颜色变化。

花色素苷的积累受到诸多环境因子的影响,其中光是最重要的调节因子,并且蓝光、紫外光是促进花色素苷合成的最有效光。光照越强,花色素苷积累越多。夏季光照强度大,远高于三裂叶蟛蜞菊的光饱和点,且紫外辐射强。在这样的外界环境诱导下,三裂叶蟛蜞菊叶片内积累了大量的花色素苷,叶片便由绿色变为红色。据科学家比较研究,本地的同类植物并不存在叶片变红的现象。因此,这种叶色的变化可能是三裂叶蟛蜞菊抵御和适应夏季强光环境的一种特殊的生理机制。

三裂叶蟛蜞菊的原产地是南美洲,但已在全球热带地区广泛归化,在我国南方分布很广,主要见于香港、广东、海南、台湾、福建南部等地。它的最适宜的生长温度为18～26℃,能忍受34℃的高温及4℃

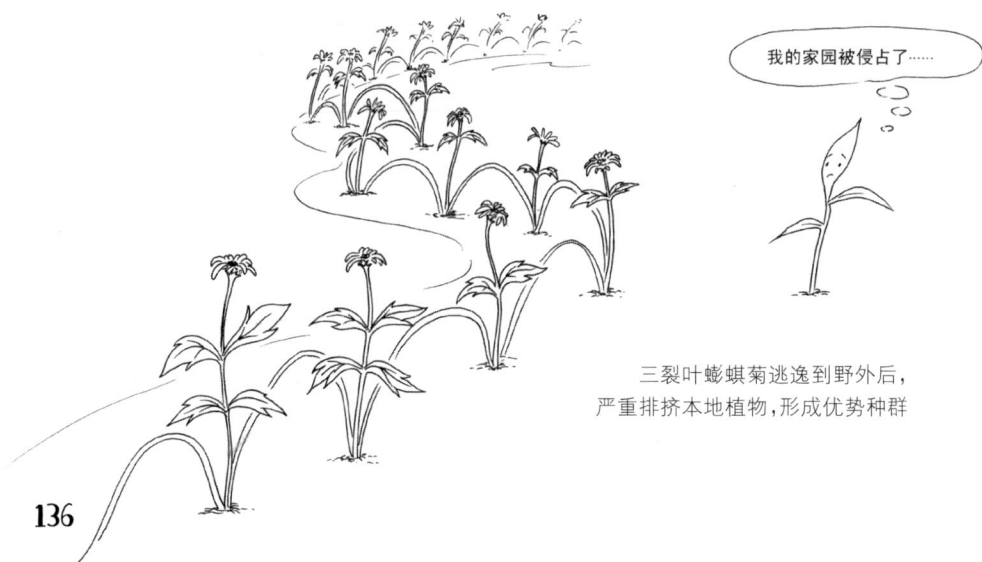

我的家园被侵占了……

三裂叶蟛蜞菊逃逸到野外后,
严重排挤本地植物,形成优势种群

136

顽强的生命力

的低温，全日照或半阴条件下均可生长良好。

　　三裂叶蟛蜞菊是一种适应性很强的植物。它适应于任何疏松土壤，耐旱、耐湿、耐瘠、耐盐碱、抗虫、抗病害，易成活、生长快、覆盖面广，在平地和缓坡上匍匐生长，在陡坡上可悬垂生长。因此，三裂叶蟛蜞菊在20世纪70年代作为优良的地被植物被引入我国，当时认为

137

在缓坡上匍匐生长

　　它全年开花不断,而且节节生根,到处蔓延生长,覆盖性很强,不仅可以作为公路旁边的护坡、安全岛分隔带、桥底等环境比较恶劣的地段的绿化植物,也可种植于庭院、花坛中观赏。

　　不料,三裂叶蟛蜞菊很快逃逸为野生,现在到处成片生长,侵占

三裂叶蟛蜞菊可以影响多种作物的产量和品质

图中标注：大麦、小麦、大豆、花生、三裂叶蟛蜞菊、白菜、水稻

草地和湿地，已经成为华南地区最常见的杂草。它所到之处，能够排挤本地植物，形成单优种群，严重威胁着当地的物种多样性。而且，侵入农田、园林等地的三裂叶蟛蜞菊也对小麦、大麦、大豆、花生、水稻、菜心、白菜及各种园艺作物的产量和品质有较大影响，对公园植物的观赏性也有一定的影响，进而影响了社会经济的正常发展。

入侵的三样"法宝"

三裂叶蟛蜞菊之所以能够成功入侵，主要归功于其快速的繁殖能力、较高的光合速率以及化感作用。

三裂叶蟛蜞菊的生存能力和繁殖能力特别强，既可以有性繁殖，也可以无性繁殖。它的无性繁殖能力极强，其茎段的可塑性很

139

漂亮的三裂叶蟛蜞菊

大,可以依靠匍匐茎不断占领新的空间,节节生根,并在节上很快就能产生新的植株,只要一个带有节的茎段就有成功发展扩大种群的潜力。

三裂叶蟛蜞菊虽是喜阳植物,但对弱光条件的适应力也较强,对光的利用效率较高,具有很强的忍耐强光以及适应阴生环境的能力。它的叶片含有丰富的叶绿素,是其生长迅速的生理基础。在不同的光照条件下,它的光合作用的效率比其他的植物高很多,所以能占用更多的资源,赢得更多的生存空间。

三裂叶蟛蜞菊的挥发物还可以对邻近的其他植物产生较强的化感作用,其化感作用的主要物质为倍半萜内酯,可以通过降低受体植物叶绿素的含量,进而影响它们的光合效能,抑制很多农作物,如花生、水稻、菜心、大豆、白菜以及异型莎草、雀草、莲子草、狗牙根等杂草的生长和种子的萌发。因此,三裂叶蟛蜞菊具有很强的侵占性,其生长的群落中极少有其他杂草存在,往往趋向于纯种群,对生物多样性有很重要的影响。

不定根可以繁殖为新的植株

叶片中含有丰富的叶绿素

科学家通过对菜心进行的实验表明:三裂叶蟛蜞菊各器官水提液极显著地抑制了叶片保护酶和硝酸还原酶活性,氮素代谢受阻,因此,菜心幼苗生长受三裂叶蟛蜞菊水提液抑制是多种生理过程受抑

三裂叶蟛蜞菊群落中几乎没有其他杂草

三裂叶蟛蜞菊入侵公园

三裂叶蟛蜞菊入侵树林

三裂叶蟛蜞菊入侵道路两旁

144

制的综合表现。在三裂叶蟛蜞菊的各个器官中，以叶片的水提液对菜心生长的抑制作用最大，可能是在它的叶片中化感物质的含量最高。

菜心

三裂叶蟛蜞菊对菜心的化感作用，除了挥发物和水提液这两条途径以外，还有一部分是通过根系分泌物来完成的。地面上貌似风平浪静，但在我们看不到的地下，却时刻发生着激烈的地道战和化学战。三裂叶蟛蜞菊根系分泌物能使菜心种子发芽速度减慢、发芽势和发芽率降低，根长和苗高缩短，显著抑制了种子萌发和幼苗生长；降低了菜心生长过程中根系的活力，抑制了根系的生长；显著地限制了菜心氮素代谢和光合效能，对菜心叶片保护酶的抑制作用降低了菜心的抗逆性。因此，如果在菜心种植前或生长过程中，在田地里出现了三裂叶蟛蜞菊，作为覆盖植物，其雨水浸提物质就有可能会影响到菜心的发芽和生长。

三裂叶蟛蜞菊对花生的化感作用主要包括下面几个方面。对于萌发花生种子，三裂叶蟛蜞菊降低了其过氧化物酶等保护酶的活性，使花生种子在萌发过程中呼吸速率下降，生活力降低，容易出现烂种。即使是那些没有烂掉的种子，由于三裂叶蟛蜞菊降低了包括脂肪酶在内的花生种子各种水解酶的活性、抑制了种子内含物的降解，也会抑制花生种子的萌发，在这个基础上就很难形成壮苗。对于花生幼苗，三裂叶蟛蜞菊抑制了其根系的发育，同样使其难以获得壮苗；而对叶片光合效能的限制，使花生正常的生长发育缺少物质基础。由于花生的氮素营养主要依靠根瘤固氮，三裂叶蟛蜞菊对花生根瘤形成的抑制也会严重影响花生植株的氮素代谢。

花生幼苗

三裂叶蟛蜞菊为害红树林

现在，三裂叶蟛蜞菊已在许多太平洋周边的国家和地区由原来的栽培植物变成野生逃逸种，分布范围十分广泛，甚至在石灰石岛和环礁上也有它的身影，已扩散到海拔700米以上的地区。在许多地方，它已经变成一种有害杂草占据了许多农业用地、交通道路、开阔空地等，也入侵到溪流和运河两侧、红树林和海岸植被带等。只要条件允许，它就会以"疯狂"的速度在分布区蔓延。因此，三裂叶蟛蜞菊的潜在公害已引起世界各国的关注，并且被列为全球100种最具破坏力的外来入侵物种之一。美国佛罗里达州、迈阿密州、夏威夷州以及澳大利亚、新加坡、芬兰等国家和地区都已经把它列入外来入侵植物名单，并严加防控。

我们从历史的教训中知道，外来物种入侵的危害一旦显现，就难以弥补。在我国，三裂叶蟛蜞菊已经显

外来物种入侵的途径

外来物种入侵的主要途径：有意识引入、无意识引入和自然入侵。有意识引入主要是出于农林牧渔生产、美化环境、生态环境改造与恢复、观赏、作为宠物、药用等方面的需要，但这些物种最后就可能"演变"为入侵物种。无意识引入主要是随贸易、运输、旅游、军队转移、海洋垃圾等人类活动而无意中传入新环境。自然入侵主要是靠物种自身的扩散传播力或借助于自然力而传入。

146

豚草

互花米草

薇甘菊

飞机草

现了潜在的危害,它与薇甘菊、五爪金龙、飞机草、豚草和互花米草等一样,均已成为广东地区最为有害的杂草,被列为重点防除的对象。不过,在许多地方它依然拥有一个"合法"的身份而存在,甚至在一些

五爪金龙

三裂叶蟛蜞菊长满了有泥土的地方

城市仍然在不断地被作为优良的地表植物而引进和利用。因此，它也极有可能成为我国生态环境中的一颗"定时炸弹"。三裂叶蟛蜞菊有着惊人的生长速度，从一开始贴着泥土，到后来长到膝盖这么高，

只需要很短的时间。它最初出现在树池、绿化带、路边护坡上等地，但很快"只要有泥巴的地方它都长满了"，用老百姓的话来说："这个东西很厉害，在土里面待着还不安分，甚至还想长到水泥地上来。"

斩草一定不能留根！

残留的三裂叶蟛蜞菊根部可以再次萌发

从事绿化园林工作的专业人士对此表示了极大的担忧：有关部门在引进绿化物种时，不要只贪图花色的漂亮，也要考虑到它们对本土物种是否构成威胁，是否对本地生态系统造成破坏。不少教训向人们昭示，认识滞后是造成外来物种入侵的一个因素。

预防和控制三裂叶蟛蜞菊的泛滥蔓延是十分重要的。对于那些尚未有蔓延的地区，人们要高度警惕该物种的侵入；在有三裂叶蟛蜞菊分布的地区，要加强管理，严防其泛滥；对那些牧场、林业基地、公园等三裂叶蟛蜞菊已经引起严重危害的地方，要及早做好控制与防除工作。

人工防治工作的重心就是在其结果前拔除，控制地上部分的同时应及时拔除残留地下茎，并且在清除后及时种植一些生长迅速、适应性强的经济作物或观赏植物。如果仅仅是割至其根部，它们并不会在烈日的暴晒下死亡，一旦条件成熟，又会开始萌发新芽。

虽然从理论上讲，喷洒化学药剂、人工清除等，都可以遏制三裂叶蟛蜞菊的蔓延，但只要有一寸根留在泥里，它就会卷土重来。更为严重的是，由于三裂叶蟛蜞菊在我国南方分布的范围非常广，要完全控制它，所需要的资金就将是一个天文数字。

另外一个隐忧是，这种来自南美洲的植物，在我国南方的土地上和其他植物生长在一起，其基因很有可能对本地同类物种的基因产生污染，继而有可能影响这里的生态环境。这样的事情在美国夏威夷地区已经有过先例。

造成外来物种入侵最主要的原因之一，就是人们在引入外来物种时缺少对其进行生态评价这一环节。因此，对引入外来物种进行生态评价应该形成制度和法规，以免由于不科学的引入引起生态危机，从而影响到国家经济的安全和人民生活的安全。

（倪永明）

深度阅读

吴彦琼,胡玉佳,廖富林. 2005. 从引进到潜在入侵的植物——南美蟛蜞菊. 广西植物, 25(5): 413-418.

江贵波,曾任森. 2007. 入侵物种三裂叶蟛蜞菊挥发物的化感作用研究. 生态环境, 16(3): 950-953.

万方浩,彭德良. 2010. 生物入侵：预警篇. 1-757. 科学出版社.

谢贵水,安锋. 2011. 海南外来入侵植物现状调查及防治对策. 1-118. 中国农业出版社.

环境保护部自然生态保护司. 2012. 中国自然环境入侵生物. 1-174. 中国环境科学出版社.

非洲大蜗牛

Achatina fulica Bowdich

防治外来物种入侵的重点在"防",如果一个外来入侵物种已经在新的地区扎住了根,再想控制其蔓延和发展将会变成一件十分困难,甚至是不可能完成的事。如果你有一只"失宠"的非洲大蜗牛,请千万不要把它随意丢弃。

"跳"着入侵的物种

曾经有一段时间,在厦门雨后的草地上,一种体形硕大的蜗牛竟然随处可见!面对这种唾手可得的食材,人面临着一个哈姆雷特式的困惑:吃还是不吃?

体形硕大的非洲大蜗牛

一些专家警告说,这种大蜗牛是有害生物,不仅侵害包括农作物、林木、果树、蔬菜、花卉等在内的各种植物,而且是许多人畜寄生虫和病原菌的中间宿主,尤其是能传播结核病和嗜酸性脑膜炎,食用则危害极大。

而另一些"见多识广"的人则认为,这种大蜗牛并不像专家所说的那样可怕,它早在90多年前就来到了厦门。那是在1921年,陈嘉庚先生创办厦门大学时,一位华侨从新加坡等南洋地区引进了一些植物,无意之中就将隐藏在植物根部等处的这种大蜗牛带进了厦大。由于厦门的气候非常适合它的生长,这种大蜗牛便作为一种野生的物种在这里落了户。因此,它不仅成为当地的一道美味菜肴,而且还流行着一个奇特的传说:在鼓浪屿曾经住着一位老太太,一日三餐都喜欢吃这种大蜗牛,结果活到89岁无疾而终的时候,她的皮肤仍然白嫩如少妇。

不过,对于澳大利亚人来说,他们对这种大蜗牛的关注点并不是"吃"。2013年夏天,一只这样的大蜗牛刚在澳大利亚布

作为食物的
非洲大蜗牛

里斯班一处港口"靠岸"，就让当地有关部门惊出了一身冷汗：他们立即对布里斯班港周围进行了地毯式搜索，并将这只大蜗牛及时销毁。因为它一旦入侵澳大利亚，由于当地缺乏天敌，将对澳大利亚境内500种原生植物、蔬果作物造成严重威胁，其中包括考拉的唯一食物来源——桉树。

那么，这种大蜗牛到底是何物种？来自何方？要细说起来，它还真是有些来头。它是世界上体形最大的蜗牛——非洲大蜗牛，学名*Achatina fulica* Bowdich，在分类学上，它隶属于软体动物门腹足纲柄眼目玛瑙螺科玛瑙螺属，原产于东非沿岸桑给巴尔、奔巴岛一带。它在国际上有"田园杀手"的称号，不但危害农作物及生态系统，而且传播重要的人畜传染病，危害极大，因此被认为是最具破坏性的外来入侵物种之一。

非洲大蜗牛是世界上人为传播造成广泛分布最为典型的事例之一。它入侵世界各地的路线很有趣，就像玩跳棋一样，从一个地方"跳"到另一个地方，跳着跳着，就占据了世界上在南北回归线之间，

危害农作物

除澳大利亚、新西兰、所罗门群岛、斐济岛等印度洋和太平洋一些岛屿以外的广大地区。

　　回顾非洲大蜗牛在世界各地入侵的过程,你会一下子想起《荀子》里的那段话:"假舆马者,非利足也,而致千里;假舟楫者,非能水也,而绝江河。"据报道,由于战争或其他人为因素,非洲大蜗牛于1903年由原产地东非桑给巴尔、马达加斯加群岛进入到毛里求斯群岛,1840年又登陆塞舌尔群岛。1847年,据说是一位英国的传教士将它们带到了亚洲,它的第一站是印度的加尔各答,1900年又踏上斯里兰卡的土地,1911年转战东南亚的马来西亚,1917年开辟新加坡这片新领域,1922年占领印度尼西亚的一些岛屿,1932年爬上印度尼西亚最大的岛屿——苏门答腊岛……别急,下面还有:1934年,非洲大蜗牛抢滩琉球群岛,1935年侵入日本,1936年逼近夏威夷,1937年穿过越南和日本的小笠原群岛,1938年纵横关岛、帛琉群岛、新巴布里亚群岛等太平洋诸岛,1941年现身菲律宾,1943年在泰国、缅甸和新几内亚等地叱咤风云……非洲大蜗牛在我国的首次正式记载是在1931年,当时报道了一年前在厦门大学校园内发现的非洲大蜗牛。1932年,非洲大蜗牛出现于我国香港地区。同年(或翌年),一名台北帝国大学的日籍教授以食用为名,从新加坡将非洲大蜗牛引入日治时期的台湾。但因为缺乏计划,而且非洲大蜗牛繁殖力过强、供过于求,最终将其遗弃于

厦门大学校园

荒野,后来在台湾全境均可发现其踪迹,以致直接导致了20世纪50年代台湾农业的毁灭性灾难。

体形硕大的"水牛儿"

如果非洲大蜗牛也能出一本旅行游记的话,肯定会让许多人羡慕不已,而它足迹所至是许多人一辈子也走不完的。那么,这个大块头的蜗牛与其他的蜗牛又有哪些不同呢?

"水牛儿,水牛儿,先出犄角后出头……"蜗牛是人们非常熟悉的动物之一。背上略显沉重的螺壳、缓慢的爬行动作,是它具有象征意义的两个标志性形态和动作。人们经常把动作迟缓、做事拖沓的人比作蜗牛,但也有人认为蜗牛是坚忍而有毅力的代表,正如一首台湾校园歌曲所唱的:

黄鹂

阿门阿前一棵葡萄树,

阿嫩阿嫩绿地刚发芽。

蜗牛背着那重重的壳呀,

一步一步地往上爬。

阿树阿上两只黄鹂鸟,

阿嘻阿嘻哈哈在笑它:

葡萄成熟还早得很哪,

现在上来干什么?

阿黄阿黄鹂儿不要笑,

等我爬上它就成熟了……

水牛儿

对于非洲大蜗牛来说,同样具备一般蜗牛所具有的上述两个标志。不过,它的长卵圆形的贝壳非常硕大,和一个鸡蛋不相上下,而且壳质显得十分厚实,还具有光泽。壳的高度通常都在10~13厘米,最大则可长到超过20厘米,宽度也有5~6厘米,螺层可以达到6.5~8个。它的螺旋部呈圆锥形,体螺层膨大,高度约为壳高的3/4。螺壳的顶很尖,有很深的缝合线。螺壳的表面为黄或深黄底色，带有焦褐色雾状花纹和褐色白色相杂的条纹，它也因此被称为"褐云玛瑙螺"。另外，它还被叫作东风螺、菜螺、花螺、法国螺、玛瑙蜗牛等，又因为它常在下雨或早晨、傍晚有露水的时候出现而被称为"露螺"。非洲大蜗牛的胚壳一般呈玉白色，其他各螺层有断续的棕色条纹。它还有粗而明显的生长线，壳内为淡紫色或蓝白色，但体螺层上的螺纹不明显，中部各螺层的螺纹与生长线交错。壳口则呈卵圆形，口缘简单而完整。

非洲大蜗牛的螺壳

说完了它硕大的螺壳，再来看看壳下面都藏了哪些"宝贝"：外唇薄而锋利，内唇则贴附于体螺层上，形成了"S"形的蓝白色的胼胝部，轴缘向外折。它的足部有发达的肌肉，背面呈暗棕黑色，蹠面呈灰黄色。但它跟其他蜗牛一样，爬行的速度并不快，最快每小时仅有1.86米，还不如我们轻轻一跳。

让我们再来看看非洲大蜗牛的生活习性。它主要生活在陆地环境，喜欢栖息于杂草丛生、树木葱郁的阴暗、潮湿及腐殖质多的地

非洲大蜗牛的生活环境

方,包括菜地、农田、果园、公园、橡胶园等。它还是昼伏夜出的群居动物,是典型的"夜猫子"。白天,它常藏匿于腐殖质多而疏松的土壤下、垃圾堆、枯草堆、土洞或乱石穴内,在这些简单的"地道"中暂时藏身;夜晚,它经常在晚上8:00以后才开始爬出来活动觅食,晚上9:00~11:00是活动高峰,次日早晨5:00左右返回原居住地或就近隐藏起来。

躲在树叶背后的非洲大蜗牛

　　非洲大蜗牛还有一个特点是"三喜三怕":喜温怕冷、喜湿怕水、喜阴怕光,尤其最怕阳光直射。它生活的适宜气温为15~38℃,土壤湿度为45%~85%;最适宜的气温为20~32℃,土壤湿度为55%~75%;而它生存的临界温度分别为−0.2℃(最低)和41.2℃(最高)。非洲大蜗牛的这种特点,外在表现就是对环境极为敏感。它通常在雨后活动更为频繁,当地面过于干燥或过于潮湿时,它就会爬到树上,躲在叶片的背面休息。当湿度、温度不适宜时,它还能将身体缩回壳中并分泌出黏液形成保护膜,封住壳口,以克服不良环境的干扰。

把卵产在土层中

吃叶片的非洲大蜗牛

另外，非洲大蜗牛食性杂而量大，摄食凶猛。它能咬断各种农作物和花卉幼芽、嫩枝、嫩叶、树茎表皮、花瓣等，有时把植物枝叶全吃光。据说它饥饿时也取食纸张和同类尸体，甚至能啃食和消化水泥。

对于行动缓慢的非洲大蜗牛来说，多子多孙是它保持家族昌盛的重要手段。非洲大蜗牛和其他蜗牛一样，是雌雄同体的动物，也就是一个个体既有雄性生殖系统，也同时具有雌性生殖系统，但是它必须进行异体交配才能成功受精、繁殖后代。两只非洲大蜗牛交配的时间通常在晚上9:30～11:00。然后，它将卵产于腐殖质多而潮湿的表土下1～2厘米的土层中或较潮湿的枯草堆、垃圾堆中。产卵最合适的土壤为含水量50%～75%，土壤pH值6.3～6.7。卵为椭圆形，色泽为乳白或淡青黄色，外壳为石灰质。每个个体一次产卵量可达150～300粒，一年可产卵1000粒左右，一生可产卵6000粒以上。温度对非洲大蜗牛卵的孵化起着决定作用，在适温范围内，温度越高，孵化就越快。温度过低，则不能完成整个孵化过程。

无节制生育后代，是非洲大蜗牛家族昌盛的另一个秘密。它

乳白色的卵

刚孵化的幼体

亚成体

刚孵化的非洲大蜗牛

162

在1年中可以发生多代,例如在云南可发生2～3代。因此,非洲大蜗牛的整个生长期都有幼体、亚成体和成体,世代重叠较为复杂。成体和幼体都可以隐藏在疏松土壤中、杂草堆下、乱石堆中以及垃圾堆、土洞内等隐蔽的"地道"中越冬。到了翌年春天,当气温回升到16℃以上、土壤湿度达到60%以上时,就结束休眠,爬出来进入取食、产卵活动期。5月上旬第1代开始交配,第2代、第3代分别于7月上旬、9月上旬开始交配。它从交配到产卵需5～7天,从产卵到孵化需7～10天。当气温低于14℃,土壤湿度低于40%或气温超过39℃、土壤湿度达90%以上时,非洲大蜗牛都会产生蜡封进行休眠或滞育。它的越冬期一般从11月下旬至12月初开始,持续3～4个月,如果是暖冬年份越冬期会相应缩短,反之则适当延长。

刚孵化的非洲大蜗牛的幼体仅有2.5个螺层,壳面为黄或深黄底色,与成体的螺壳差不多。幼体的生长比较缓慢,随着螺体的生长,螺层很快就迅速增加到4个,以后逐渐增加到7个,壳高和壳宽也随之迅速增加到2厘米和1.4厘米左右,以后分别逐渐增加到7～8厘米和4厘米左右。它的体重也从缓慢生长到3克后开始迅速增加到60克左右,此后体重的增加又逐渐减慢。一般进入成年后,它的螺层不再增加,生长速度也逐渐变得越来越慢。非洲大蜗牛的幼体多为腐食性,主要取食死亡动植物的腐殖质、地衣、藻类和真菌等,但刚孵出的幼体并不取食,而是待到3~4天后才开始取食。

它们生长到5~6个月时就达到性成熟,然后交配、

非洲大蜗牛群体

164

产卵。非洲大蜗牛的寿命比较长，一般可达5～7年。它还具有较强的抗逆性，遇到不良环境时，它就很快进入休眠状态，并且能在这种状态下生存好几年。

由此可见，非洲大蜗牛具有繁殖力强和抗逆性强的特点，这使它的传播速度非常快。一旦有少数几个个体入侵某地，即可通过各种途径迅速扩散，扩大其危害的范围。

入侵我国

事实上，非洲大蜗牛由于爬行速度缓慢，在陆地上自然传播的能力十分有限。它有一定的漂浮能力，将身体伸出螺壳之外就可以在水面上漂浮，但一旦缩进螺壳内便只能沉入水底。漂浮的个体可以通过伸长头颈不停地扭动来改变自己在水中的位置，使整个螺体向周围的水面漂移。在静止的水面上，这种漂移是无方向的，移动速度也很缓慢；如果是在流动的水面上，它头颈部的扭动则会加快随波逐流的速度。这一特性为非洲大蜗牛通过流水传播创造了条件。

不过，非洲大蜗牛要想真正实现远距离传播，主要还是通过人为方式，如货物的流通、人为的携带，或者通过轮船、火车、汽车、飞机等各种交通工具，随观赏植物、苗木、板材、集装箱、货物包装箱等进行传播。此外，它的卵和幼体也可以混入土壤中，通过人类的活动加以传播。

通过货物流通进行远距离传播

危害热带植物

因此，为了阻止非洲大蜗牛的扩散，检疫部门的工作非常重要，不仅对运输工具、集装箱、货物包装箱、货物及行李等都应进行检疫，还要特别对来自疫区的观赏植物、苗木、泥土、板材等进行严格检疫。是否有非洲大蜗牛成体、幼体附着其上，以及非洲大蜗牛爬行过后留下的银灰色的丝带状黏液痕迹，都是判定是否有非洲大蜗牛污染的重要依据。

由于在传入的国家中大多缺乏有效天敌，而难以控制其繁衍，因而它常常能够形成庞大的种群。现在，非洲大蜗牛已对热带、亚热带的广大地区形成了危害。为什么这么说呢？因为非洲大蜗牛主

对进口货物要严格检疫，以防非洲大蜗牛入侵

167

非洲大蜗牛成为热带、亚热带有害生物之一

要生活在热带、亚热带地区,而且它的分布与海拔高度、气温有着密切的关系,年平均温度在5℃以下的地区都未见到它的踪迹,而海拔超过800米以上的山地虽然能见到它觅食,但却从未发现它越冬。传入我国厦门的非洲大蜗牛随后逐渐在闽南一带扩散,后来又逐渐传播到广东的珠江三角洲及雷州半岛以及广西南部和海南岛等地。

尽管早在20世纪上半叶,非洲大蜗牛就已经到我国南方定居,但真正让人们领教它的厉害的则是在1979年以后。当时它首先出现在云南省的河口、金平、西双版纳等地区,并逐步向四周扩散。它对当地的近100种植物产生了危害,而且危害程度逐年上升。到1993年前后,它对河口、金平、勐腊、麻栗坡、马关等海拔1000米以下的区域造成了严重危害,使一些具有悠久种植历史的十字花科蔬菜、旱地禾本

宠物非洲大蜗牛

科等数十种植物颗粒无收,许多珍贵的热带植物毁于一旦,造成了不可估量的损失。此外,公路两旁的刺桐、榕树、扶桑树、苦楝树等行道树种被害也非常严重;牧草业的发展也受到了极大的限制,大量牲畜长期食用的草场遭到破坏,严重地影响了家畜的繁殖和生产。从此,非洲大蜗牛成为这些地方最主要的有害生物之一。

　　说到这次非洲大蜗牛在云南的肆虐,一个不可忽视的背景情况是:从20世纪70年代末80年代初开始,我国各地开始相继引进和养殖非洲大蜗牛,作为美味食物、宠物以及动物饲料等。不久以后,全国各地

非洲大蜗牛把牧场的草全吃了,牧场的牛很生气

除西藏外，在包括黑龙江、内蒙古、新疆等在内的所有省、自治区和直辖市都开展了非洲大蜗牛的养殖，使它在我国繁衍并形成一个庞大的种群。而由于养殖者管理不善，使之逸生为野生种群的现象屡见不鲜。

"田园杀手"危害多

在"吃货"们讨论非洲大蜗牛的吃法时，殊不知，它本身也是一个典型的"吃货"。非洲大蜗牛的食量杂而大，成体的日食量能达到体重的40%～50%，它取食的范围也很广，一般以绿色植物和真菌为主，主要危害农作物、经济作物、园林植物、园艺花卉等500多种植物，喜食肉质的叶子、水果和幼嫩植物的皮，我们可以看看它的菜单：第一部分是各种瓜果蔬菜，有木瓜、面包果、木薯、花生、香蕉、红薯、甘薯、各种瓜果、蔬菜、油料作物和豆科作物、葫芦科的大部分种类等；第二部分是种类繁多的幼苗，有橡胶幼苗、可可幼苗、椰子苗、菠萝苗、剑麻苗、茶树苗等；第三部分竟然是树皮，有柑橘、橡胶、巴婆、木瓜和可可树的树皮；第四部分是花卉，有仙人掌、凤仙花等多种花卉。让人不可思议的是，它还吸食橡胶乳汁等。看着它的菜单，也许不应该称它为"吃货"了，称为"田园杀手"可能更贴切。它也因而严重影响了许多国家和地区的农业、林业以及园艺业等的发展，造成了极大的经济损失。

除了对农林园艺造成危害外，非洲大蜗牛还威胁到了人类的健康。它是许多重要的人畜寄生虫、植物病菌的传播媒介，其中包括两种危害极大的寄生虫：能引起嗜酸性粒细胞增多性脑膜脑炎的广州管圆线虫和能导致胃肠管圆线虫病的脊形管圆线虫。此外，它还会传播肝

非洲大蜗牛
喜食肉质叶子

仙人掌

木瓜

红薯

非洲大蜗牛为害多种植物

香蕉

香蕉林

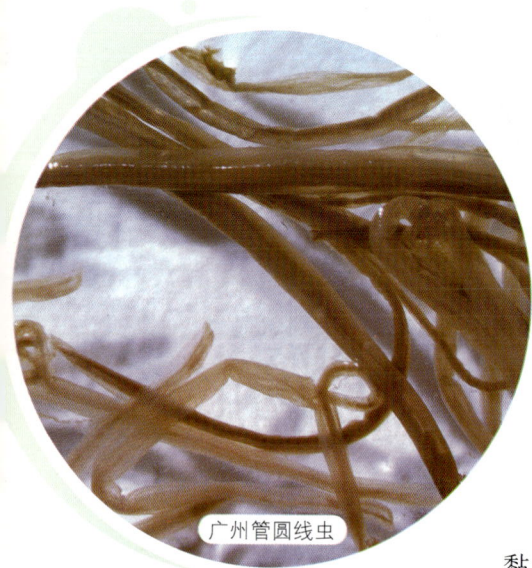
广州管圆线虫

吸虫病、结核病等。在它的粪便中还检测到了血吸虫、鞭虫、膜壳绦虫、粪类圆线虫等寄生虫。

非洲大蜗牛还有第三种危害，就是它分泌的黏液还会污染环境，包括破坏建筑的结构以及降低产品的商业价值，导致经济损失。在已形成非洲大蜗牛庞大种群的区域，它产生的大量排泄物和在植物、建筑物上爬行留下的白色黏质性痕迹以及尸体腐烂散发的臭味，都成为环境的污染源，尤其在园林花卉等观赏性植物上影响严重。死亡的非洲大蜗牛还会招引一些蝇类，而这些蝇类则与伤寒病的传播有关。

应对有法

非洲大蜗牛如此猖獗，我们怎么来控制它呢？首先就是下手捉！在黎明、黄昏、夜间或雷雨后，非洲大蜗牛出来活动觅食的时机，人们就可以直接对它进行捕捉。别小看这个最简单的办法，其实是十分有效的。据报道，在非洲大蜗牛危害严重的云南省麻栗坡县，曾多次组织了大规模的人工捕杀，共出动人员2500人次，捕捉到非洲大蜗牛43.8万只！有效地控制了当地非洲大蜗牛的增长势头。在美国迈阿密州也有这样的大铲除行动。2013年，来自美国农业部的200名工作人员掘土刨根，在4个月的时间里捕获了3.3万只非洲大蜗牛。在我国农村和城镇，在那些没有农作物生长的沟、塘、垃圾堆及房前屋后，人们还可以结合疾病预防、铲除杂草、焚烧垃圾、疏通管道、清除污水淤泥等，对它进行捕捉。捕捉到的非洲大蜗牛，可以用生石灰粉处理或开水烫死后集中深埋。

除了捕杀，我们还可以利用非洲大蜗牛的习性，采用诱杀的办法。在种苗地和大田里堆积一些菜叶，或者在傍晚将瓜皮等堆放在田间四周,非洲大蜗牛就会受到引诱而来栖息,天亮后人们就可以将它捕捉、集中销毁了。由于它还有一定的趋光性,在有条件的地区,人们可以在夜间利用灯光对它进行诱杀。

当然,化学防治也是必不可少的,一般应在晴朗无雨的天气进行,傍晚施药效果更好。为保护环境,科学家正试验从巴豆属、艾纳香、麻风树等植物中筛选出防治非洲大蜗牛的化学物质。

为了对付非洲大蜗牛,人们还想出了设"篱笆墙"的方式,设置用柴灰(成分主要为氢氧化钾)、沙土、水泥三合土制成的pH为11.5的障碍物,或者用苛性碳酸钠、干石灰、钾盐镁矾在大田中拌土形成一条保护带,阻止非洲大蜗牛的入侵。有条件的地方,人们利用光滑铜板、锌板等也能形成机械隔离围墙,还可用3V交流电或直流电或10V脉冲电制成双层偶极电网,形成电隔离墙。

人工防治非洲大蜗牛还可结合中耕除草和清园工作等,摧毁其栖息地。铲除花圃、菜地周围的杂草,破坏其越冬越夏场所,也可减轻蜗牛危害的发生。改进灌溉方式,由漫灌、喷灌改为滴灌,减少地

用菜叶诱杀非洲大蜗牛

173

可以尝试用
鸡、鸭、鹅来控制
非洲大蜗牛

面湿度，可以降低它的繁殖力。根据非洲大蜗牛喜湿怕水的特性，在有条件的地方实行旱水轮作，能改变其栖息场所，或使其窒息死亡。

说了这么多，你也许会问：难道自然界就没有捕食非洲大蜗牛的动物吗？当然不是，目前已发现许多动物可以捕食非洲大蜗牛，如节肢动物、甲虫、蛇、龟、蟾蜍、青蛙以及一些鸟类和哺乳动物等。不过，由于这些生物都不是主要以非洲大蜗牛为食物的，因此至今它们的作用没有被人们所开发利用。尽管如此，创造良好的生态环境，保护非洲大蜗牛的自然天敌，或者人工饲养释放鸡、鸭、鹅来控制非洲大蜗牛，仍是一条潜在的有效途径。还有一些生物可以在它的体内寄生，如病原细菌、线虫等。

值得注意的是，由于非洲大蜗牛个体硕大，在身体上有玛瑙一样的花纹，以及两对能伸缩的棒状触角，十分美观，而且它不怕惊动，可以在手掌上把玩，所以很受人们的喜爱，作为宠物，引起了人们观赏、玩耍的极大兴趣。但是，人们对它的兴趣往往时间比较短暂，而它在"失宠"之后最大的可能就是被随意丢弃，这也是造成其广泛传播于世界许多国家和地区的主要途径之一。

2013年4月，美国佛罗里达州又出现了成千上万只硕大的非洲大蜗牛入侵的现象。而这种动物上次在佛罗里达州的暴发是在1966年。当时居住在迈阿密的一个男孩从夏威夷带回了3只非洲大蜗牛作为宠物，后来他的奶奶将它们放养在自家的花园里，于是非洲大蜗牛开始疯狂繁殖，在后来的7年内发展成一个1.7万只的庞大族群。结果，不仅这个男孩家的花园内的花卉植物几乎全被吃光，而且当地政府每年要花费百万美元来对付它们……

174

防治外来物种入侵最重要的就在于预防,如果一个外来入侵物种已经在新的地区扎住了根,再想消灭它,人们不仅要付出沉重的代价,而且在很多情况下,它会变成一件十分困难甚至是不可能完成的事情了。

如果你有一只"失宠"的非洲大蜗牛,你还会把它随意丢弃在花园里吗?

（李湘涛）

深度阅读

陈德牛,张卫红. 2004. 外来物种褐云玛瑙螺(非洲大蜗牛). 生物学通报,39(6): 15-16.

张国良,曹坳程,付卫东. 2010. 农业重大外来入侵生物应急防控技术指南. 1-780. 科学出版社.

徐海根,强胜. 2011. 中国外来入侵生物. 1-684. 科学出版社.

王彩波. 2011. 非洲大蜗牛研究进展. 上海农业科技,2011(2): 22-23.

环境保护部自然生态保护司. 2012. 中国自然环境入侵生物. 1-174. 中国环境科学出版社.

三叶鬼针草

Bidens pilosa L.

三叶鬼针草的种子具有芒刺和倒钩，非常容易粘在动物的毛发、人们的衣服以及货物上面，且难以脱落，因此它们可以随动物和人类传播相当远的距离。防控三叶鬼针草是我们每一个人都要注意的事情。让我们挥一挥衣袖，不带走一根"刺儿鬼"。

驴友

骑行世界

挥之不去的"刺儿鬼"

"一次说走就走的旅行"是许多年轻人追求的浪漫生活。于是,有人背起背包,或徒步深山,或骑行世界。我们现在将这种充满生活激情的人亲切地称为"驴友"。

驴友们在户外活动中,难免会遇到各种各样的烦心事,譬如说踩上了一脚动物的粪便,碰了一脸的蜘蛛网,以及全身不知不觉就粘满了不知哪里冒出来的带刺的植物种子。衣服上如果粘的是较大的果实,事情还好办些,因为它们相对比较容易清理,但是如果全身都是那种非常小的种子,回到营地后半天也清理不完,可想而知,快乐的心情要大打折扣。在这些破坏人们好心情的种子中,很有可能就会有鬼针草。

旅行途中,驴友身上可能会粘满植物种子

178

光听这个名字,我们就知道,它肯定不会是省油的灯。我们中国人素来敬奉鬼神,因此它们大量出现在各种动植物名称和成语中。不过,神大抵包含着褒义,而鬼则寓含贬义,这个鬼针草的名称也自然体现了我们中国人的命名文化。

我国有独特的鬼文化

鬼针草*Bidens pilosa* L.属于菊科大家庭,是一年生草本植物,高矮变化较大,在30~100厘米之间,茎光滑,有时仅在其上部有少量柔毛。生长在茎下部的叶片较小,通常撑不到开花时间就会枯萎。生长在中部的叶具有一个叶柄,在叶柄顶端长三枚小叶,因此这种植物又被称为三叶鬼针草。这三枚小叶长相略有差异:两侧的小叶为椭圆形,先端尖锐,具有短柄,它们的边缘有锯齿,而中间的小叶较大,长椭圆形,先端不似两侧小叶般尖锐,具有长1~2厘米的柄,边缘也有锯齿。茎上部的叶片较小,条状披针形。

三叶鬼针草在每年的8~9月份开花,9~11月份结果。像菊科

三叶鬼针草的茎和叶

179

三叶鬼针草的花

的其他植物一样,三叶鬼针草的花也是头状花序,有长1~6厘米的花序梗。不过它们的花盘只有1厘米左右,比起大家熟悉的菊花要小得多,更别提向日葵了。三叶鬼针草的花全是管状花,没有舌状花,花为黄色。所结瘦果为黑色,条形,略扁,长7~13毫米,宽约1毫米,上

三叶鬼针草的瘦果

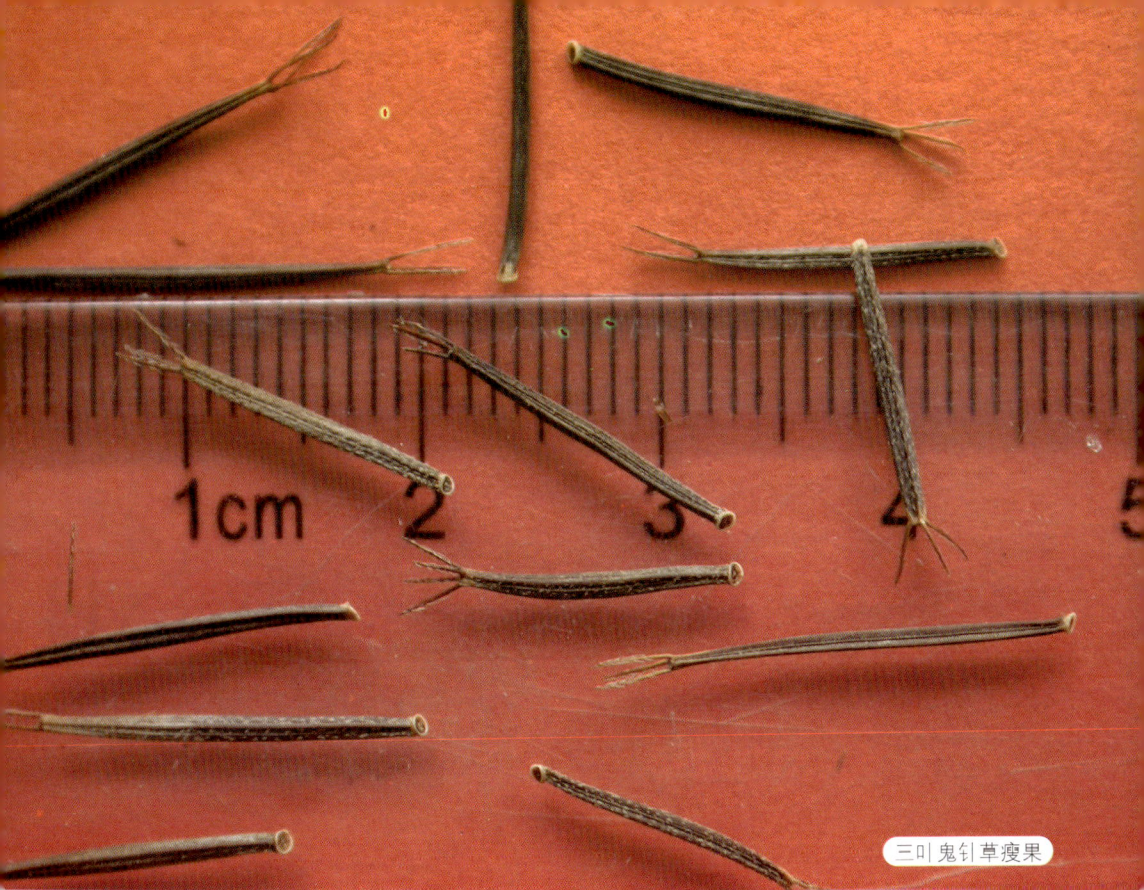

三叶鬼针草瘦果

部具稀疏瘤状突起和刚毛，顶端有3～4枚芒刺，其上有倒刺毛。鬼针草就是依靠这些芒刺扎入行人的衣服的，但由于有倒刺毛的存在，它们不会轻易"松手"，非得一个个拔不可。如果在行走的过程中，粘在衣服上的芒刺碰到皮肉，会使人感觉像针扎一样疼，这大概也就是它

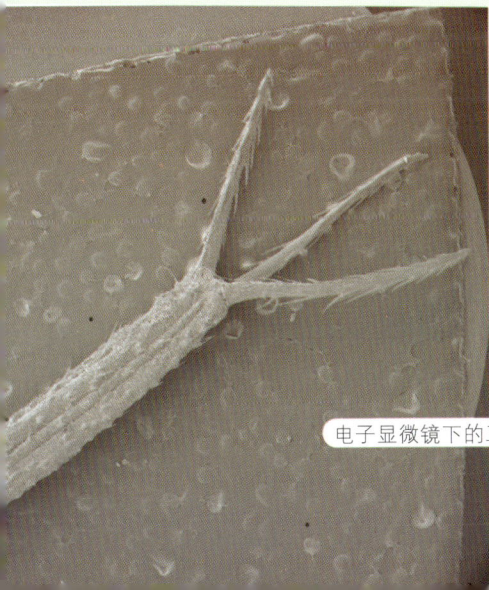

电子显微镜下的三叶鬼针草瘦果

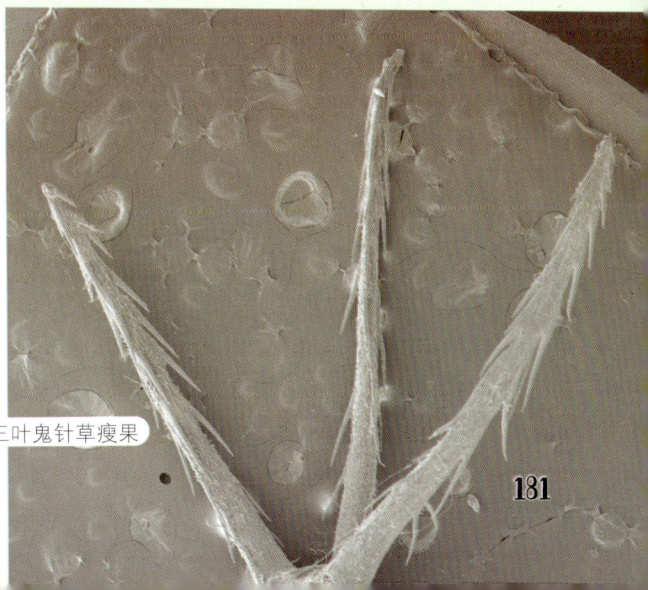

们的名字的来源吧。

除了三叶鬼针草这个名称外，它还有一大堆其他的名称。名称的形成有历史和地理方面的原因，如四方枝、虾钳草、蟹钳草是广东和广西群众为它们取的名字，云南人则管它叫对叉草、粘人草、粘连子，到了江浙两地则又称之为一包针、引线包，如此等等，不一而足。鬼针草这一名称最早出现在唐朝药物学家陈藏器所著的《本草拾遗》一书。该书成书于唐开元二十七年(739年)，共十卷，其中记载鬼针草云："生池畔，方茎，叶有丫，子作钗脚，着人衣如针。北人谓之鬼针，南人谓之鬼钗。"之后，又有一系列的中草药书籍对其有收录，如大名鼎鼎的《千金方》和《本草纲目》。但是在不同的文献资料中，又衍生出一大堆其他的名字，如《福建民间草药》中的鬼黄花、山东老鸦草，《福建中医杂志》中的盲肠草、眺虱草，《中国药植图鉴》中的刺儿鬼、鬼蒺藜……面对这么多的名称，要想弄清楚它们，真是鬼见愁啊！

不过，这些名称或多或少反映了鬼针草的一些特征，如大部分名称都来源于它们那像针一样的芒刺和那种粘在衣服的本领，另外还有一些名称则来源于它的药效。从历史医学典籍中我们知道，它是一种传统的中药材，具有清热解毒、祛风除湿和活血消肿等功效，用于咽喉肿痛、腹泻、痢疾、黄疸、肠痈、疔疮肿毒、蛇虫咬伤、风湿痹痛、跌打损伤等病痛的治疗。正是因为有如此之功效，从《本草拾遗》以

三叶鬼针草的芒刺可以粘在衣服上

三叶鬼针草可用作药材

降,各大药书对鬼针草均有收录。

　　鬼针草在我国民间的医药市场颇受欢迎。民间传说,鬼针草用于治疗蛇虫咬伤有奇效,甚至可治疗白血病。在偏远的农村,不仅缺乏专业的医生,医疗设施也非常落后甚至完全空白,因此,从祖辈口口相传下来的一些药方和偏方就成了当地群众的救命稻草。我小时候有一次在河里弄一种草药,打算晒干后卖掉挣点零花钱,没想到从岸边山坡上飞下一块石头,正砸在我的头顶上,顿时鲜血直流,疼得我一边哭着一边跑回了家。幸亏我大哥沉着冷静,从路边抓了一些草,在嘴巴里嚼烂后敷在了我的头上,最后居然好了,没有任何的感染发炎。现在回想起这件事来,心有余悸的同时,也觉得民间的确有许多医药宝库值得挖掘和抢救。因此,鬼针草在民间受到如此的青睐,一个原因是它们的确能在危急的关头救死扶伤,另一个则是它们在田边地头随处可见,要用起来唾手可得。

随处可见的三叶鬼针草

三叶鬼针草
可通过瘦果传播

鬼魅般的行踪

令大家没有想到的是，具有如此历史渊源和受到群众青睐的一种中草药，到处都生长着的鬼针草，居然不是我国的本土植物。事实上，三叶鬼针草的故乡离我们中国非常遥远，中间相隔了一片了无际涯的海洋——是的，那个地方是热带美洲，具体而言，就是现在的巴西、智利、阿根廷、哥斯达黎加等地。它们是如何地从热带美洲漂洋过海来到中国，已然是一个谜。有人推测，由于三叶鬼针草的瘦果具有芒刺和倒刺毛，因此它们极有可能是通过粘在人、畜身上或者货物上而进入中国的。

可是让我们仔细想想，三叶鬼针草在唐朝的文献中已有记载，虽然唐朝人民与世界其他地方的人民的货物往来与文化交流颇为频繁，但是大都局限于内陆的一些地区，其中的原因不言自明，因为那时候的航海技术不可能使得人们远渡重洋，因此在唐朝跨海最远的地区也就是日本而已，要想到达热带美洲那是几乎不可能的事情。由此可见，唐朝时期的中国与热带美洲之间不可能有任何的商业往来，因此，三叶鬼针草不可能通过海路由美洲到达中国。

另外，那时候的欧洲远落后于中国，欧洲更是不可能到达美洲——欧洲人到达美洲的时间是在七八百年之后的事了。唐朝时期的中国通过丝绸之路与中东和欧洲有着极为密切的贸易活动，饶是如此,三叶鬼针草也完全不可能从欧洲传过来。

如此看来,三叶鬼针草要通过粘在人畜身上或者货物进入中国,只可能是来源于东南亚。自唐朝建立开始,唐太宗李世民即非常重视发展对外关系,并以广州为基地实行对外开放政策,与世界其他地区开展海上贸易,当时的航线最远到达了波斯湾沿岸地区。或许有人会问,从广州到达波斯湾,其间要绕过东南亚,航线也不短,唐朝的船只为什么能到达那里,却不能到达美洲呢?原因很简单,从广州到达波斯湾,他们的船只是沿岸走的,一是避免了大风浪,二是可以随时上岸补给或者维修;但是要渡过广袤的太平洋,以上的两点优势就不复存在,以当时的航海技术而言,的确是难以办到的。

回到正题。由于有中央政府的重视,唐朝的对外贸易非常的活跃,他们甚至开辟了多条海上贸易路线,其中有一条是从广州出发,绕经林邑(现在越南中部)、阇婆(爪哇)到达锡兰(斯里兰卡)。那么,鬼针草是否有可能来自于这条航线的贸易活动呢?目前,我们知道,鬼针草在包括上述地区的热带亚热带地区已经有广泛分布,因此,这种可能性是存在的。至于它们是如何到达爪哇这些地方的,会是海鸟传播的吗?或者是它们附在木头上,随洋流漂过来的?这一点,恐怕只有它们自己清楚了。

由于鬼针草的种子具有芒刺和倒钩,非常容易粘在动物的毛发、人们的衣服以及货物上面,且难以脱落,因此它们可以随动物和人类传播相当远的距离。特别是人类在不同地区之间的交往越来越密切,活动范围也越来越大,鬼针草的这种传播策略异常地成功。到目前为止,鬼针草依靠这个策略使其版图由原来的热带美洲成功地扩展到了现在的亚洲、非洲、欧洲、大洋洲以及太平洋诸岛,并在这些地方繁盛地生长起来。

185

三叶鬼针草

神奇的效果

正如前文所说，鬼针草进入我国后，我们的祖先很快就发现这种植物有很好的药用价值，并成为一味良好的中草药。事实上，包括原产地在内，世界各地的人们都发现了鬼针草的用途，在亚洲、非洲和热带美洲都成了传统的药用植物。例如，在非洲，人们将它们用于治疗头痛、耳部感染、酒后不良反应、腹泻等疾病，而他们的这些做法的确也有其科学依据。最近的科学研究表明，鬼针草的根、叶和种子有抗菌、消炎、止泻、抗疟、利尿、保肝和降血压等作用。

二名法

二名法又称双名法，是瑞典生物学家林奈创立的。在生物学中，二名法是为生物命名的标准。每个物种的学名是由两个拉丁文词汇或拉丁化的词汇构成的：属名和种加词（种名）。第一个是属名，是主格单数的名词，第一个字母大写；后一个是种加词（种名），常为形容词，须在词性上与属名相符。其后要加上命名人的名字，除了林奈所命名的物种名称后面直接加上L.外，其他命名人不得只用名字的首字母。

在书写或印刷出版时，每个物种的学名通常用斜体字或加下画线的方式以示区别。

在另一些地方，比如在非洲撒哈拉沙漠附近的地区，鬼针草还是一种很重要的作物来源。我们都知道非洲很多地区都很贫穷，人们经常是食不果腹，在这种情况下，他们便将鬼针草新鲜的或者晒干的根和茎作为食物的补充。即使在食物相对比较充裕的年景，那里的人们也还是喜欢将鬼针草作为一种调味品食用。此外，大量生长的鬼针草也给当地的牲畜提供了充足的饲料来源，它们的种子甚至是非常好的鸡饲料。当然，这种植物体内含有的一些芳香油会降低奶牛所产牛奶的质量，因此，他们会尽量避免让奶牛采食鬼针草。

鬼针草的另一个用途也被发掘出来。例如，一些土著居民将鬼针草的叶子晒干后碾碎，然后与肥皂和辣椒混合，作为杀虫剂用于控制潜叶蝇和其他植物害虫。还有一些人收集鬼针草，提取它们的色素作为染料。另外一些人则将鬼针草的根挖出来，洗干净后晒干用于制作绘画的笔刷。在乌干达和墨西哥，鬼针草的叶子被用来泡茶喝，据说这样有提神醒脑之功效；而在菲律宾，它们的花被用来酿酒，所以如果有朋友以后去这些地方的话，一定要想方设法去品尝一下这样的茶和这样的酒。

总的来说，鬼针草的到来，给当地的人们带来了一些福音，而人们也尽力挖掘出它们的潜在价值。因此在

根、叶和种子都可以入药

叶可以泡茶

三叶鬼针草可以在一定程度上开发利用

花可以酿酒

三叶鬼针草

世界上的一些地方,如尼日利亚、贝宁和津巴布韦等国家甚至还有小规模的种植。在雨季来临之前,大部分植物都还没生长起来,这些国家的一些市场上就可以看到有人出售晒干后的鬼针草了。

事实上,在世界上有鬼针草出没的大部分地方,它们根本就不需要人们来种植它。这种植物生长非常快,它们在种子萌发4个月后就开花,再过4周左右,种子就会成熟。种子是它们的主要繁殖手段,它们既可以异花授粉,也可以同花授粉。看起来,鬼针草的相貌稀松

三叶鬼针草可以形成致密的草丛

平常,但是它们的繁殖能力不容小觑,每一株鬼针草平均开放80朵花序,每年可以产生3000～6000粒种子,这些种子既可以通过粘在动物或人身上传播,也可以通过风和水流传播。在一些地方,它们的生长期很短,也就是57～70天的样子,每年可以完成4～6个从萌发到结籽的循环。在条件合适的情况下,它们的种子不会休眠,但是没有及时萌发的种子在5～6年时间内均可以保持萌发能力,在野外,种子的萌发率可以达到74%。

得不偿失

按道理,鬼针草对人类有如此的好处,而且生长力如此强劲,应当受到世界人民的热烈欢迎和追捧。但是事实并非如此。正如一把双刃剑,鬼针草强大的生命力和繁殖力既可为人们开发它的利用价值提供方便,又可以与其生长地区之内的其他植物,尤其是经济作物

森林空地是防治重点

和农作物发生强烈的竞争，而且它们具有巨大的竞争优势。在世界上的40多个国家，鬼针草严重影响了农作物的产量，受到影响的作物达30多种。以四季豆为例，鬼针草在乌干达导致了这种农作物减产达到48%，在秘鲁则达到10%～48%。这是因为鬼针草能形成致密的草丛，致使农作物或者土著植物无法生长，尤其是生长在下层的植物所受影响更甚。鬼针草的根部和叶片中含有一些化学物质，可以抑制其他植物种子的萌发和幼苗的生长。这些化学物质一直存在于植物体内，即使它们的植株死亡被微生物分解后，还会发挥抑制作用，简直是"阴魂不散"！因此，它们是其他植物难缠的竞争对手。面对于人类而言，我们虽然从中受到了好处，但是毕竟鬼针草不能全面代替其他的粮食。事实上，它们对农作物带来的危害，使我们得不偿失。

正如本文开头所提到的，它们那些带倒钩的种子给旅游的人们带来了不小的烦恼。如果这些种子混在其他作物的种子中，分离工

果园

茶园

桑园

种植园应该重点防控

作是异常的困难；如果不做分离工作,则严重影响种子后续产品的质量。在其他方面,致密的鬼针草草丛在道路、铁路和休闲场所等地方造成不小的麻烦,尤其是在入口的地方,经常被它们所阻塞。此外,鬼针草还是一些害虫和病菌如根结线虫和番茄斑点萎病毒的宿主和载体。在有如此大量的宿主和载体存在的情况下,这些害虫和病菌根本无法防治,从而变为相关植物的噩梦。

正因为有如此现实和潜在的影响,鬼针草在除原产地外的世界各地均被视为杂草,甚至被列入恶性杂草之列。世界各地纷纷采取措施防止它们的入侵,或者控制它们的生长规模。

鬼针草可以侵入各种各样的生态系统中,对基物和营养的要求不高,在潮湿的土壤、沙地甚至营养极为贫乏的喀斯特地貌中均能生长。事实上,基物中的营养不是影响鬼针草入侵的主要因素,相比较而言,入侵地植物的盖度更为重要。它们可以在海拔3600米以下生长良好,光照充足、土壤温度适宜,且有人为干扰的地段,更利于它们的入侵。因此,草原、灌木区、森林空地、湿地、河道两边、种植园以及农田等地对它的入侵来说,是最为脆弱的生态系统,应当重点在这些地方加强防控。

斩草除根

　　人们最容易想到的控制鬼针草的办法是刈割,这样既清除了目标,又可以将收割的茎叶作为牲畜的草料。但是,三叶鬼针草地面以上的部分被修剪后,在12周内即从残留部分的腋芽处长出新枝,并且快速地开花结籽。因此,植物修剪的间隔周期对它们的再生很重要。如果以花的干重作为衡量指标,修剪间隔在12周以上的三叶鬼针草植株要高于未修剪植株,而间隔在8周以内的植株开花量会受到抑制。因此,如果采用刈割的方式清除鬼针草的话,就应当以较短的间隔周期,反复对生长出来的新枝进行刈割。研究结果表明,该间隔周期在4周以内较好,这就意味着在彻底清除鬼针草之前,几乎每个月都要对它们进行处理。

　　像鬼针草这样,受外界伤害后而自发产生弥补性的生长行为,被称为补偿性生长。植物的补偿性生长,是它们在长期的进化过程中产生的一种应付外界伤害的积极的行为,可以将伤害降到最低。不仅仅机械伤害会引起植物的补偿性生长,虫害和病害同样

奇怪,不是刚刚刈割了吗?
怎么又长出来了?

被刈割后的三叶鬼针草生长势头会更猛

193

也会产生这样的效果，而且在水肥条件较好的环境中，这些补偿性生长还很有可能是超量的，简单说就是"越挫越勇"。因此，当鬼针草受到刈割后，它们的生长势头还会更猛，若让新长出的植株结实的话，它们会结出更多，但是更小粒的种子。这些机制是它们在长期的进化过程中形成的，我们对此无能为力，因此就要寻找更好的办法。

要防止鬼针草补偿性的生长，就不能只清除它们的地面部分，地下的根也必须一起清除，正是所谓的斩草除根。一说到这儿，很多人马上就会想到拔草方法。是的，这一招非常有效，因为鬼针草很容易被连根拔掉。把鬼针草的植株拔掉后要及时将其晒干，以免再次生长。如果还想继续利用一下它们的价值，可以用于生产沼气；如果没有这些条件，最好用火将植株烧掉。这种方法说起来容易，但是实施起来难度不小，尤其是在鬼针草已经大面积入侵的地方，要一株株地去拔掉它们，工作量相当巨大，这时除草剂就成为主要的武器。

鬼针草对很多种除草剂都敏感，尤其是阔叶植物的除草剂。目前，用于防控鬼针草的除草剂主要有三类，一类是残效性除草剂，如敌草隆、除草定等，它们施用后可以保持一段时间的除草效果；一类是内吸性传导型除草剂，如草甘膦等，它们可被鬼针草的根或茎、叶、芽鞘等部位吸收，从而破坏其内部结构和生理平衡，导致它们死亡；第三类是触杀性除草剂，如百草枯、来草松等，它们并不能在鬼针草体内传导或者移动性很

徐志摩

徐志摩的《再别康桥》

194

差,只能杀死直接接触的部位,但不伤及未接触药剂的部位,因此用这类除草剂的时候,注意要将它们施放于鬼针草的根部。

在可能有鬼针草种子存在的地方,我们尽量不要破坏地面的覆盖物,因为它们的存在可以极大地降低鬼针草种子的萌发,而且覆盖物越厚效果越好。

防控鬼针草是我们每一个人都要注意的事情,想一想下面假想的一个例子,也许这项工作的重要性无须赘言了。

民国时期的著名诗人徐志摩在《再别康桥》中写道:"悄悄的我走了,正如我悄悄的来;我挥一挥衣袖,不带走一片云彩。"这听起来是如此的浪漫,但是,如果鬼针草出来捣乱,他挥一挥衣袖,却带走了满身的"刺儿鬼",是不是大煞风景呢?

(黄满荣)

深度阅读

洪岚,沈浩,杨期和等. 2004. 外来入侵植物三叶鬼针草种子萌发与贮藏特性研究. 武汉植物学研究, 22(5): 433-437.

杜凤移,张苗苗,马丹炜等. 2007. 三叶鬼针草化感作用的初步研究. 中国植保导刊, 2007(9): 8-10.

徐海根,强胜. 2011. 中国外来入侵生物. 1-684. 科学出版社.

万方浩,刘全儒,谢明. 2012. 生物入侵: 中国外来入侵植物图鉴. 1-303. 科学出版社.

摄影者

李湘涛　杨红珍　李　竹　徐景先　黄满荣

杨　静　倪永明　张昌盛　毕海燕　夏晓飞

殷学波　王　莹　韩蒙燕　刘海明　刘　昭

刘全儒　黄珍友　张桂芬　张词祖　张　斌

梁智生　黄焕华　黄国华　王国全　王竹红

黄罗卿　杜　洋　王源超　叶文武　王　旭

杨　钤　蔡瑞娜　刘小侠　徐　进　杨　青

李秀玲　徐晔春　华国军　赵良成　谢　磊

王　辰　丁　凡　周忠实　刘　彪　年　磊

于　雷　赵　琦　庄晓颇